海 上 大 气 波 导 技 术 与 应 用 丛 书

U0267110

基于卫星导航系统的
大气波导层析技术

田 斌　孙立东　葛晶晶　周 晨　牟伟琦　许丽人　韩 冷◎著

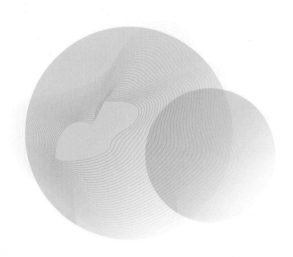

长江出版传媒
湖北科学技术出版社

图书在版编目（CIP）数据

基于卫星导航系统的大气波导层析技术 / 田斌等著 . —武汉：湖北科学技术出版社，2023.8

ISBN 978-7-5706-2786-8

Ⅰ . ①基… Ⅱ . ①田… Ⅲ . ①大气波导传播 Ⅳ . ① TN011

中国国家版本馆 CIP 数据核字 (2023) 第 147718 号

责任编辑：张波军

责任校对：王 璐   封面设计：曾雅明

出版发行：湖北科学技术出版社

地　　址：武汉市雄楚大街 268 号（湖北出版文化城 B 座 13—14 层）

电　　话：027-87679468   邮　编：430070

印　　刷：湖北新华印务有限公司   邮　编：430035

787×1092　　　 1/16　　　　　　　　　6.5 印张　　　130 千字

2023 年 8 月第 1 版　　　　　　　　　2023 年 8 月第 1 次印刷

定　价：120.00 元

（本书如有印装问题，可找本社市场部更换）

目　　录

第1章 绪 论

1.1 研究背景及意义

大气波导是海上环境中影响舰艇编队侦察预警、电子攻防与信息传输装备效能最大、最常见的现象。当出现大气波导时，由其所产生的超视距传播、电磁盲区等效应，使电磁波能量被限制在波导内无法散播，传播路径不再是直线，进而导致在经典直线传播和能量均匀衰减理论基础上设计的雷达、电子侦察、电子对抗、通信等信息装备的效能与实际严重不符，直接影响以上装备的作战使用。因此，在海战场环境保障中，监测大气波导特征参数，定量评估其对装备效能的影响，对于作战筹划、装备战术使用都具有重要意义。

目前，国内外常用的监测大气波导的方法可以归纳为接触式监测、反演监测两大类。其中，接触式监测又可以分成直接监测方法和间接监测方法。直接监测方法使用气象数据采集设备获得不同高度的气温、湿度、气压等数据，然后通过大气折射率与气象数据之间的关联公式计算出大气折射率随高度的分布曲线，进而判断大气波导是否存在，最终得到实际的大气波导参数信息。间接监测方法主要用于获得蒸发波导数据，其利用高精度的气象水文传感器采集特定高度处的气象信息以及海表温数据，然后将其代入由近地层相似定理为基础形成的波导模型中，计算得到大气波导参数信息。反演监测技术利用在大气波导层中传播的雷达、通信、激光等辐射源传输信息与大气波导特征参数之间的关联关系，通过实测辐射源传输数据逆向寻找到匹配度最佳的大气波导特征参数结果。

然而，在实际使用中，上述监测方法由于在部署便捷性、使用可靠性、运维成本、监测波导种类等方面存在不足，不能兼顾实时、全时空监测、多类型覆盖等需求，无法有效评估海上及沿岸无线电设备在大气波导环境中的传播效能，从而制约了我国在海上通信、雷达探测等领域能力的提升。因此，迫切需要研究一种部署简便、使用可靠、运维成本低廉的实时大范围多类型大气波导监测手段。

2020年，"北斗三号"最后一颗组网卫星发射成功，标志我国自主建成了可实现全球组网的北斗导航卫星系统。北斗信号在经过气象环境复杂的对流层时，由大气折射引起的传输速度降低会使其传播路线发生偏折，进而导致产生对流层延迟，最终使卫星定位产生误差。由于对流层延迟与该层内的大气折射（大气波导本质上是一种大气折射现象）存在关联，因此，可以利用被大气折射所"调制"的北斗卫星信号，反演获得大气波导数据。同时，北斗卫星导航系统卫星数量众多，具备全球组网能力，使用人员可利用轻便小巧的北斗接收机在陆地或海洋任意区域开展大气波导反演工作。

为解决极限施压条件下基于我国卫星系统进行大气波导环境自主保障的难题，实现各种复杂恶劣环境条件下的大气波导环境监测，本书旨在研究一种利用北斗卫星信号对流层延迟对大气波导进行监测的技术，掌握利用北斗卫星对流层延迟开展大气波导反演监测的机理，并从北斗卫星信号对流层延迟等概念出发，固化反演监测流程和相关算法，结合在部分区域开展试验等手段对分析的算法进行定量检验，验证方法的反演精度。

1.2 国内外研究现状

1.2.1 大气波导的研究现状

早在 20 世纪初，针对越来越多军用雷达探测到超视距目标的事件，科研人员开始对大气波导进行研究。随着各个军事强国之间的竞争愈演愈烈，自 20 世纪 70 年代起，对大气波导的研究在世界范围内被推向了高潮，这使得对大气波导的探测、评估应用以及诊断预测等方面的研究都取得了突飞猛进的进展。美国作为大气波导研究领域的领军国家，其军队通过部署 IREPS、EMPE、AREPS 等分析系统，对雷达等电子装备的使用效能进行评估。这些系统可以准确预估海上大气波导信息，进而为提高武器装备的性能提供支持。海湾战争打响之前，美国海军就在波斯湾及附近海域做了大量的大气波导测量工作，并将上述采集的相关数据输入分析系统中，以充分掌握当地海域的大气波导变化规律，为美军的最终胜利提供了准确的辅助决策信息。

此外，国外研究机构针对大气波导接触式监测法的适用性也开展了相关验证试验。1984 年，美国海洋系统中心在太平洋部分海域开展了蒸发波导高度、强度等特征参数的采集分析工作。1985 年，美国三所高校的大气物理实验室利用空中飞行器观测收集了大西洋近 10 年的中高空气象数据，从而得到表面波导数据。1998 年，Kulessa 等澳大利亚学者联合美国海军也组织过蒸发波导的相关测试。2007 年，英国研究员 Siddle 针对英吉利海峡这一海域进行蒸发波导的测试。2012—2015 年，美国利用船舶雷达对本国沿海城市等地域的大气波导进行勘测。2017 年，澳大利亚利用自身地理位置优势对热带地区海上蒸发波导进行了测试。

针对大多数直接监测法存在造价成本偏高、监测结果易受恶劣天气影响产生偏差等缺点，很多专家学者选用反演监测法对大气波导进行监测。反演监测法是从大气波导对雷达、卫星等信号产生的影响入手，采取逆推的思路，在这些影响中提取出大气波导特征参量等信息。Gossard 等利用大气边界层结构与雷达的动态多普勒频移之间的关系获得了大气折射率廓线分布结果，Valtr 等使用雷达到达低空对流层边界的角度估计了折射率廓线，Fritz 和 Cheong 利用雷达相位的变化实现了快速反演大气波导。

20 世纪末的海湾战争结束以后，我国也逐步意识到大气波导具有的军事价值，国内一批军地科研院所掀起了对大气波导基础理论与应用研究的浪潮，取得了不错的成绩，研发了一系列软硬件产品。除了研究多种直接监测法在我国的适用性并对其进行完善外，我国科学家们也将目光聚焦在全球导航卫星系统（global navigation satellite system，GNSS）上。2008 年，成印河将神经网络算法和 AMSR-E 卫星数据相结合反演得到蒸发波导特征参量。2009 年，赵振维、王洪光等在广东湛江沿海等地对基于卫星遥感技术的海面散射信号反演大气波导进行了试验验证。2010 年，西安电子科技大学的朱庆林博士在我国广东沿海地区验证了 5°以下的低仰角卫星信号反演大气折射率廓线图的方法。2018 年，韩阳利用卫星精密单点定位技术对大气水汽进行反演，并绘制出三位水汽分布图。虽然国内相关科研人员针对全球导航卫星系统在大气波导应用方面已开展了一定的研究，但主要是基于低仰角卫星遇海面后的掩星信号功率对蒸发波导进行反演。由于基于掩星信号实施大气波导反演对天线极化形式以及接收机灵敏度有较高的要求，其适用性受到一定影响。因此，需要研究基于对流层延迟等非掩星方式的大气波导反演方法，以满足实际大气波导精细化保障要求。

1.2.2 导航卫星信号延迟的研究现状

对流层延迟是指导航卫星辐射的电磁波在通过对流层时所产生的延迟量，其受大气折射的影响，并随大气折射率的变化而改变。对流层延迟由对流层干延迟量、对流层湿延迟量两个部分组成，分别对应大气干折射率和大气湿折射率。

前人针对导航卫星对流层延迟量开展了很多的研究，例如，Hopfield、Saastamoinen 分别提出了以各自名字命名的对流层延迟计算模型。1978 年，Black 对 Hopfield 模型进行了简化，使模型形式变得更加简单。2006 年，Rodrigo Leandro 等选择 Hopfield 模型计算天顶对流层延迟量，通过 6 年时间 223 个测站的数据分析发现，计算的平均误差为 0.5cm。2007 年，Jin S. 将以往 12 年 150 个 IGS 站点的数据进行收集分析，以 2h 为分辨率的对流层延迟时间序列，探究地理位置及季节对延迟量的影响。

前期形成的天顶对流层延迟模型大多关注于垂直方向，尚未引入水平方向上的大气带来的误差。1993 年，Davis 首先提出了大气延迟梯度概念，他研究分析了大气水平方向上的收敛性，并在模型中引入地球物理和大气气象信息，实验表明当仰角高于 30° 时，模型的精度可以维持在 5mm 以下。1998 年，Bar Sever 在卫星数据分析软件中完成了对流层延迟梯度的实现，实验结果显示在加入延迟梯度之后定位的精度明显提高。由于对流层延迟是由对流层大气折射引起的，而描述大气折射的大气折射率物理量可利用大气层中的温度、湿度、气压等数据计算得到，因此，部分研究人员借鉴气象领域的网格化分析数据来研究水平方向上的对流层延迟问题，特别是近年来大气再分析网格化数据集的逐渐完善，使人们可以按照一定的时空分辨率开展网格化对流层延迟分布研究工作。

1.2.3 再分析数据集的研究现状

再分析数据集是将大量观测资料、同化算法、数值模式相结合，再次分析得到数据分析资料。在水平方向上，再分析数据集将全球平均划分为正方形网格，从而使用户根据需要选择不同的水平分辨率开展温度、湿度、降水、风等数据分析；在垂直方向上，再分析数据集按照气压值将高度层进行划分，使用户根据需要研究不同高度层上的气象要素分布。

20世纪末，国际上部分国家相继研发出了各自的再分析数据集，较为知名的有美国的 NCEP、日本的 JRA55、欧洲中期天气预报中心（ECMWF）的第四代产品 ERA-Interim 等。2016年年末，ECMWF 推出了第五代再分析产品（ERA-5），其垂直方向上按照气压大小从 1000hPa 到 1hPa 分为 37 层。同时，ERA-5 数据集相比较上一代拥有更加快捷的数值模式和算法。国内孟宪贵、郭俊建等专家利用山东附近 10 余个站点的观测数据对 ERA-5 的适用性进行评估，发现 ERA-5 的适用性比上一代 ERA-Interim 要好，且在低空表现更为明显。2021年，吕润清、李响两位学者利用在江苏开展的试验，对两代 ECMWF 再分析数据集的适用性进行了对比验证，结果显示不论是在低空还是高空，ERA-5 的表现都优于 ERA-Interim。

此外，部分研究人员也尝试利用再分析数据集开展对流层延迟研究工作。例如，陈钦明利用我国周边地区的 NCEP 和 ECMWF 再分析数据资料进行天顶对流层延迟反演工作，并评估其精准度，实验表明其反演结果的平均偏差为 1cm，均方根误差为 2.7cm。2020年，何创国利用 ERA-Interim 再分析数据集反演对流层延迟量，再通过与 2018 年 IGS 提供 334 个观测站的探空数据进行对比，发现反演的天顶对流层延迟量平均偏差为 0.114cm，均方根误差为 1.448cm。

第2章　基于北斗卫星导航系统对流层延迟反演大气波导基本原理

本章阐述了大气波导的基本理论及其监测方法，分析了不同监测方法的优缺点，为研究实时监测全球大气波导的方法提供理论支撑。同时，本章分析了北斗卫星导航系统的优势以及对流层延迟量与大气折射率的关系，为本书研究基于北斗卫星导航系统对流层延迟反演大气波导技术奠定了理论基础。

2.1　大气波导基本原理

2.1.1　地球大气与折射

地球表面覆盖着由多种成分组成的地球大气层，它是地球上生物生存的必备条件之一。同其他行星一样，大气层是地球向太阳获取能量的主要渠道，同时，它也是全球能量转换的核心。这种能量的转移和交换，维持着地球能量的平衡，使地球保持着适宜的气候。

大气是一种湍流涌动的流体，其中存在着不同程度的运动。从空间范围上来说，有从小范围的气团湍流，也有全球大范围的动态环流；从时间范围上来说，有长达数月的稳定运动，也有以秒来衡量的变化。经科学家初步推算，地球大气的质量大约为6000万亿t，其主要组成成分具有种类繁多且比例不等的特点。大气层从地表自上而下可分为5层。图2.1所示的是大气层具体的分层结构。

图2.1 大气层具体分层结构

对流层是最贴近地表的低层，高度在12km左右，纬度越低的地区，其对流层高度越高。为了能准确估计大气状态，通常使用温度、湿度以及压强等来进行描述。当大气温度、湿度、压强等物理量满足一定分布形式时，对流层中会发生大气折射现象，电磁波的传播路径会出现偏折。大气折射产生的原因是大气中的多种物理量分布不一而导致电磁波传播的速度不同。人们通常使用大气折射指数 n 来对大气折射现象进行研究，其表达式为

$$n = \frac{c}{v} \tag{2.1.1}$$

式中，c 为光速（m/s），v 为大气中的电磁波传播速度（m/s）。

折射指数是无量纲的，其值通常接近于1。由于发生大气折射的气层间

折射指数之差接近于零，所以为了更好地区分气层间折射指数的差别以及精确度量折射效果的大小，人们引入了大气折射率 N，其定义为

$$N = (n-1) \times 10^{-6} \tag{2.1.2}$$

它同样是无量纲的，但常以 N 单位进行衡量。

大气折射率 N 可通过气层中的温度等气象要素计算得到：

$$N = \frac{77.6}{T} \times \left\{ p + \frac{4810 \times r \times 6.1078 \times exp\left[\frac{17.2693882 \times (T-273.15)}{T-35.86}\right]}{T} \right\} \tag{2.1.3}$$

式中，T 为气温（K），p 为气压（hPa），r 为相对湿度（%）。

为方便计算和研究，通常将式（2.1.3）计算的大气折射率拆分为两项：一个是干大气折射（N_d），由气压（P）和气温（T）决定；另一个是湿大气折射（N_w），它与水汽压（e）和气温（T）有关。表达式为

$$N = N_d + N_w = 77.6 \times \frac{P}{T} + 77.6 \times 4180 \times \frac{e}{T^2} \tag{2.1.4}$$

水汽压（e）的表达式采用 Tetens 经验公式，得

$$e = r \times 6.1078 \times \exp\left(17.2693882 \times \frac{T-273.16}{T-35.86}\right) \tag{2.1.5}$$

因无线电磁波在现实应用中可能会发生长距离传输，故还应考虑地球曲率对大气折射率的影响。为此，人们又引入大气修正折射率（M）来计算修正过后的大气折射率。其与式（2.1.3）中 N 的关系为

$$M = N + \frac{h}{r_e} \times 10^6 = N + 0.157h \tag{2.1.6}$$

式中，r_e 为地球平均半径（m），h 为高度（m）。

2.1.2 大气波导原理及类型

大气波导是一种特殊的大气层状结构状态，该层状结构内的大气折射率梯度小于 -0.157N/m，其对应的大气修正折射率梯度小于零，可以对在其内

传播的电磁辐射源信号的轨迹产生显著影响。大气波导可分为蒸发波导、表面波导以及抬升波导（又称作悬空波导）三个类型，对各个类型大气波导的描述与分析可以利用基于大气折射率或修正折射率廓线得到的波导高度、强度等特征参数来进行。图2.2为大气修正折射率廓线图下不同大气波导类型的表达形式。

图2.2中，d是蒸发波导高度（m）；z_{think}是表面波导及抬升波导的陷获层厚度（m）；z_b是表面波导及抬升波导的底层高度（m）；c_1是底层斜率；ΔM是波导强度，且图中ΔM标记的线段为波导底面。

图2.2（b）所示的蒸发波导是海洋大气波导中最常见的波导形式，出现概率高达80%，它是由于水分蒸发导致湿度分布发生变化造成的。蒸发波导高度的年平均值在13m附近，且大多数情况不会超过40m，经常发生于江河、湖泊及大洋之上，在炎热地区降雨时也会产生。理论上来说，蒸发波导在海洋环境中存在时间很长，基本上是时刻存在的。

表面波导经常产生于逆温和随高度升高湿度骤减的环境中。就全球而言，表面波导的发生概率大约为40%，小于蒸发波导的发生概率，但其对电波轨迹的改变能力要强于蒸发波导。按照陷获层底端与海/地表面的位置关系，表面波导可分为以下两类：若陷获层的下边界为海表面或地表面，则称为标准表面波导，如图2.2（c）所示；若陷获层的下边界上升至一定高度，导致海/地表面与其之间存在一个非陷获层，则称为有基础层表面波导，如图2.2（d）所示。表面波导通常会延伸数十甚至上百千米，具有显著的非均匀分布特点，且持续时间较长，其波导厚度可在几十米至几百米之间变化，所以表面波导对绝大部分电磁波的超远距离传输都起着至关重要的作用。

抬升波导如图2.2（e）所示。当大气较高的高度上存在有利于产生大气修正折射率负梯度的逆温、湿度骤减等条件时，就会产生抬升波导。从以上描述不难看出，抬升波导的产生条件与表面波导类似。实际上，当海/地面上空出现的表面波导向上抬升时，就会形成抬升波导。因此，其分布高度要高于表面波导。

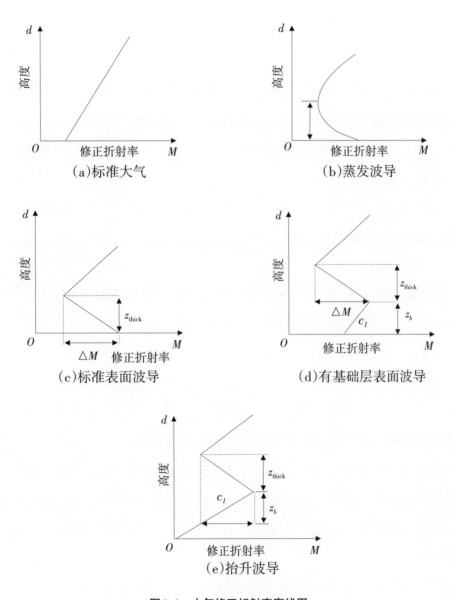

图2.2 大气修正折射率廓线图

2.2　大气波导监测方法

为了进一步掌握大气波导的分布趋势及对电磁波的束缚能力，需要对大气波导实施有效监测。为此，人们设计开发了多种大气波导监测方法，其核心思想是通过获得大气折射率或修正折射率廓线图，得到大气波导类型、特征、参数等结果。

2.2.1　直接监测法

直接监测法是指通过设备直接对大气波导的特征参数进行监测。目前，直接监测大气波导的设备有微波折射率仪、无人机、探空火箭弹以及气象探空球等。

微波折射率仪是一种专门用来读取大气折射率的精密设备，在使用时需要将设备放置在可升降的平台上。该仪器适合单点测量，无法满足大范围空间的监测需求，且对实验平台要求较高，不便于携带。

通过无人机直接监测大气波导是利用无人机悬吊轻便的气象传感器，在制定好的航迹上采集指定位置的探空数据。但无人机自身螺旋桨转动产生的风力会对采集的探空数据产生影响，且产品本身造价过高，恶劣天气条件下无法保证产品的安全。

利用探空火箭弹可以直接监测大气波导，该设备主要由低空探空火箭（含探空传感器）、发射装置和接收系统组成。当探空火箭弹发射到最高点时，带着降落伞的探空传感器与弹体脱离，在传感器下降过程中，地面接收处理系统读取传感器采集的气象信息，将其转换为大气折射率。但是利用探空火箭弹直接监测大气波导时，对探空火箭弹的发射条件以及操作人员的能力有一定的要求，曾出现探空火箭弹事故导致人员受伤事件。此外，降落伞受海风影响，无法确保实测值为垂直方向上的探空数据，导致实验数据可用性下降。

图2.3所示为一种气象探空球。

图2.3　抛弃式气象探空球

气象探空球直接测量大气波导技术是将探空球与温、湿、压传感器连接，并在探空球中填充氦气使探空球快速升空，来探测30km以下高度的气象探空数据，用以计算大气波导。在探测数据的同时，用地面接收设备将数据转化成大气折射率。

2.2.2　间接监测法

间接监测法将采集的海表温度以及特定高度处的风速、气温、相对湿度等数据，代入由近地层相似理论推导出的波导模型中，计算出波导特征参数等信息。当前较为成熟的间接监测法主要面向蒸发波导，适用范围小，而且进行实时大范围蒸发波导监测时需要输入不同海域的气象数据，复杂度高。

2.2.3 反演监测法

目前，较为常见的反演大气波导的数据源主要有激光雷达数据、微波辐射计数据、雷达海杂波数据以及导航卫星系统掩星信号数据，针对上述数据提出了相应的反演方法。

（1）基于激光雷达的大气波导反演监测方法。该方法是通过激光雷达信号来反演温度、湿度廓线，继而提取大气波导信息，但该方法使用的设备价格较高，如果需要监测较高的大气波导，成本将达到百万元每套。

（2）基于微波辐射计的大气波导反演监测法。该方法利用设备接收大气中的辐射信号，再代入反演算法中运算得到大气中温度、湿度随高度变化的曲线，进而得到大气折射率或大气修正折射率廓线图和大气波导参数信息。然而，海上雨、雾等特殊气象条件会对监测结果产生一定的影响，而且微波辐射计需要大量历史数据作为支撑，如果数据资料时间及空间分辨率不足，会影响反演的准确度。此外，微波辐射计设备价格较高，单套价格在百万元左右，导致监测成本显著增加。

（3）基于雷达海杂波的大气波导反演监测法。该方法原理是大气波导可以使雷达海杂波的强度发生明显改变，使海杂波信号与波导之间存在一定的相关性，即海杂波信号会携带大气波导信息。然而，使用该方法实施大范围海域监测时需要雷达装备频繁开机，其军事保密性不强。

（4）基于导航卫星系统掩星信号的大气波导反演方法。该方法利用导航系统接收机接收低仰角的掩星信号进而反演出大气波导。虽然随着我国自主研制的卫星数量逐步增长，掩星信号源数量逐步丰富，但由于该反演方法对接收天线极化形式以及接收机灵敏度等指标有较高的要求，使得该方法的适用条件受到影响。不过，由于导航卫星系统星源数量多、覆盖范围广、接收设备轻便，可以探索运用导航卫星对流层延迟等常规数据开展反演方法研究。本书使用该思路开展研究工作。

2.3 基于北斗卫星导航系统对流层延迟反演大气波导基本原理

2.3.1 北斗卫星导航系统

北斗卫星导航系统简称为北斗系统（BeiDou navigation satellite system，BDS），是我国为了满足国防安全及社会经济发展需求而自主研制的全球卫星导航系统。该系统作为当今国际上三大成熟的卫星导航系统之一，可为全球用户提供全天候的高精度定位、导航及授时服务，并且具备短报文通信功能。短报文通信功能，即利用卫星来发送短信，但周围不需要有移动运营商的通信基站。这项功能在实际的应用中是十分必要的，比如远洋的船员可以通过北斗卫星导航设备来发送信息。因为有了北斗系统的短报文功能，用户无论是在深山老林还是在茫茫大海上，都可以通过北斗卫星与外界取得联系。表2.1所示的是目前国际主流导航卫星系统参数。

表2.1 国际主流导航卫星系统参数

系统	GPS	BDS	GLONASS
国家	美国	中国	俄罗斯
投入年份（年）	1994	2020（第三代）	2009
覆盖区域	全球	全球	全球
定位精度（m）	5	2.34	10~15
频段	L_1、L_2、L_3、L_5	B_1、B_2、B_3	L_1、L_2
周期	11h 58min	12h 55min	11h 16min

由表2.1可知，北斗卫星在三大导航卫星中的定位精度最高，平均定位

精度为2.34m，最高达到厘米级。其通过3个不同频段的信号可以有效消除卫星信号在经过电离层（热层）时产生的定位误差，并且多个频率的信号可以确保在某一个频段信号出现问题时其他频段信号仍可使用。

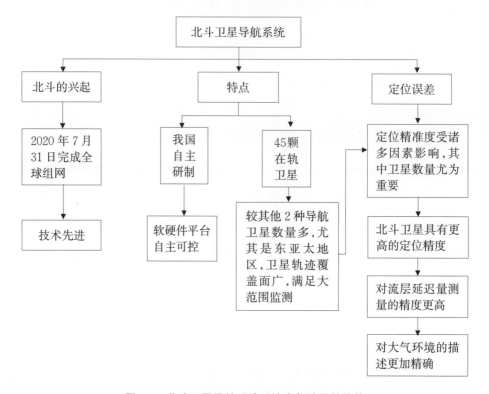

图2.4 北斗卫星导航系统反演大气波导的优势

综上所述，北斗卫星导航系统具有国产化程度高、在轨数量丰富、覆盖范围广和定位精度高等特点，可为大气波导反演提供稳定可靠的卫星下行链路信号，满足精细化、常态化大气波导监测的需要。依托北斗卫星信号的高精度定位特性，可以获得与之关联的更高精度的对流层延迟信号，从而为反演获得更准确的大气波导特征量提供支撑。此外，北斗卫星接收机携带方便、使用简便、价格低廉，可在大气波导保障区域内依托船舶、车辆、航空器等平台进行部署，有效监测大范围区域内波导信息。图2.4是根据上述理论总结分析得到的利用北斗卫星导航系统反演大气波导的优势。

2.3.2 对流层延迟

2.3.2.1 卫星定位误差

电离层和对流层的影响是导航卫星系统定位误差的主要来源。对于电离层产生的误差而言，可以通过接收到的双频卫星信号利用线性组合的方式有效消除，其精度可以达到毫米级，而对流层产生的误差是导航定位误差中的主要成分，与大气折射率有关。

2.3.2.2 对流层延迟量产生原理

地基卫星接收机收到的信号从外太空穿越大气层，在经过对流层时会产生不同程度的延迟量，其大小与对流层中的大气折射率有关。导航卫星信号产生对流层延迟的具体原因是真空和大气层中的密度不同导致的折射率不同，使得信号的传播路线发生偏折。按照定义，对流层延迟量为

$$\Delta D = \int_S n(h)\mathrm{d}h - L \tag{2.3.1}$$

式中，ΔD 是对流层延迟量（m）；$n(h)$ 是导航卫星信号传播路径高度上对应的大气折射指数，h 是高度（m）；S 是实际的传播路径长度；L 是卫星到地面接收机的直线距离。

从图 2.5 中可以看出，对于从天顶方向下行的卫星信号而言，其对流层延迟误差不需要考虑信号线路的偏折所带来的影响，因此，天顶对流层延迟量可表示为

$$\Delta D_z = -10^{-6} \int_G N(h)\mathrm{d}h \tag{2.3.2}$$

式中，ΔD_z 为天顶对流层延迟量（m）；G 为天顶方向传播路径；$N(h)$ 为大气折射率在天顶方向上的分布函数，h 为高度（m）。

式（2.3.2）展现了卫星天顶对流层延迟量与大气折射率之间的关联关系，将 $N(h)$ 进行积分便可得到某地的天顶对流层延迟量。

图2.5是导航卫星信号传播过程示意图。

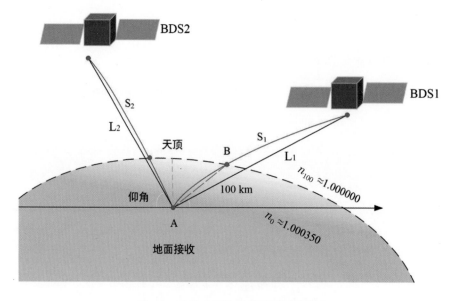

图2.5 导航卫星信号传播过程示意图

2.3.2.3 对流层延迟量的分类

对流层延迟量可分为天顶对流层延迟量和斜路径对流层延迟量。由于大气折射率廓线图是大气折射率在对流层内的垂直分布，且为反映大气波导的直接方式，所以本书主要研究对象为天顶对流层延迟量。天顶对流层延迟量又由天顶对流层干延迟项和天顶对流层湿延迟项两部分组成，两者相加为天顶对流层总延迟量，其表达式为

$$\Delta D_z = \Delta D_{z,d} + \Delta D_{z,w} \tag{2.3.3}$$

式中，z 表示天顶方向，$\Delta D_{z,d}$ 为天顶对流层干延迟量（m），$\Delta D_{z,w}$ 为天顶对流层湿延迟量（m）。

由式（2.1.4）、式（2.3.2）可以推导出天顶对流层延迟量与大气干、湿折射率的关系式：

$$
\begin{aligned}
\Delta D_z &= -10^{-6} \int_G N_d(h) \mathrm{d}h + -10^{-6} \int_G N_w(h) \mathrm{d}h \\
&= -10^{-6} \int_G 77.6 \times \frac{P}{T} + 77.6 \times 4180 \times \frac{e}{T^2} \mathrm{d}h
\end{aligned} \tag{2.3.4}
$$

式（2.3.4）中的物理量的意义同式（2.1.4）、式（2.3.2）。

2.3.3 北斗卫星导航系统对流层延迟反演大气波导基本原理

首先给出大气环境造成卫星信号产生对流层延迟误差的正演过程以及通过对流层延迟量反演大气环境信息的过程，如图2.6所示。

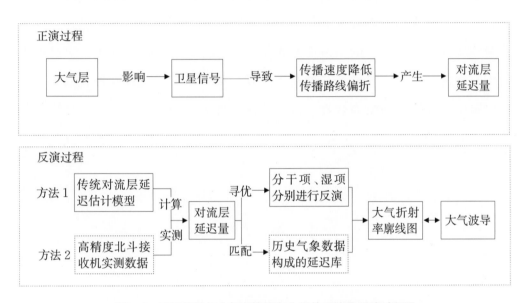

图2.6 卫星信号与大气环境信息之间的正演及反演过程图

不同于当前国内其他科研人员使用的利用导航系统掩星信号反演波导的方法，本书研究的基于北斗卫星信号反演大气波导的原理是利用北斗卫星非掩星信号的天顶对流层延迟量获取大气折射率随高度变化的曲线，即大气折射率廓线图。若廓线图中某段高度下的大气折射率梯度小于−0.157N/m，则表明该段高度内发生大气波导现象。

目前，天顶对流层延迟量有两种方法可以得到：一种是通过卫星接收机发送指定指令直接测量得到；另一种是通过如Hopfield、Saastamoinen等传统对流层延迟估计模型计算得到，但传统模型在使用时需要测站的气象观测值。

根据卫星对流层延迟量的两种获取方法，可反向推导得到大气波导，如图2.6所示方法1（基于传统天顶对流层延迟估计模型反演大气波导）、方法2（本书提出的全新方法）。对于方法1而言，在反演过程中不仅需要在模型中输入测站的经纬度、导航卫星及气象数据等信息，还要对模型推导出来大气折射率函数的系数进行寻优，从而勾勒出大气折射率廓线图。对于方法2而言，在获取天顶卫星对流层延迟量后，将其与使用历史气象数据计算的天顶对流层延迟数据库中的对流层延迟量进行匹配，便可得到匹配度最佳的大气折射率廓线、大气波导特征参数等所需结果。本书将对这两种反演方法进行实验验证，并评判反演效果，以选取适用性更佳的北斗卫星信号反演大气波导方法。

2.4　本章小结

本章主要对基于北斗卫星导航系统对流层延迟反演大气波导的基础理论进行了分析。首先对大气折射及大气折射率的基本概念进行了介绍，并对大气波导的形成机理、类型以及监测方法进行了阐述。其次，在对比研究大气波导各类监测方法优势与不足的基础上，说明了利用导航卫星对流层延迟量等常规数据进行反演更能发挥导航卫星平台现有优势。最后，介绍了北斗卫星导航系统、对流层延迟量的相关知识，并对基于北斗卫星对流层延迟反演大气波导的原理进行了分析。

第3章 基于传统对流层延迟模型
反演大气波导

北斗卫星信号自平台到达地面过程中，对流层中的大气波导会导致北斗卫星信号传播速度降低、传播路线发生改变，从而形成对流层延迟。本章首先借助北斗卫星接收机，依靠传统模型对大气波导进行反演；之后，运用小波和希尔伯特黄变换两种降噪方式对探空数据进行降噪处理，比较降噪效果，选取较优的降噪后探空数据，对常用天顶对流层延迟模型计算的结果进行验证，进而检验该方法反演大气波导的效果。

3.1 天顶对流层延迟模型

在估计天顶对流层延迟时通常使用 Hopfield 模型和 Saastamoinen 模型。

3.1.1 Hopfield 模型

Hopfield 在创建该模型时，参考了大气物理量温度（T）、气压（P）和水汽压（e）的变化梯度，通常来说，这 3 个大气基本物理量的数值随高度的升高而逐渐减少。假设温度梯度是一个一次函数，其变化规律公式如下：

$$\left. \begin{aligned} \frac{\mathrm{d}T}{\mathrm{d}h} &= -6.8 \\ \frac{\mathrm{d}P}{\mathrm{d}h} &= -\rho \cdot g \\ \frac{\mathrm{d}e}{\mathrm{d}h} &= -\rho \cdot g \end{aligned} \right\} \tag{3.1.1}$$

式中，ρ 是大气密度，g 是重力加速度。

通过式（3.1.1）可知，高度每增加 1km，温度会减少 6.8℃，且气压和水汽压随高度增加同样会相应降低。其中，下降率由重力加速度和大气密度的乘积来决定。

Hopfield 对流层延迟估计模型在天顶方向上的表达式为

$$\left. \begin{aligned} D_{z,d} &= 155.2 \times 10^{-7} \times \frac{P_0}{T_0} \times (h_d - h) \\ D_{z,w} &= 155.2 \times 10^{-7} \times \frac{4810 \times e_0}{T_0{}^2}(h_w - h) \\ h_d &= 40136 + 148.72 \times (T_0 - 273.16) \\ h_w &= 11000 \end{aligned} \right\} \tag{3.1.2}$$

式中，$D_{z,d}$ 和 $D_{z,w}$ 分别代表天顶对流层干延迟和湿延迟（m），P_0、T_0、e_0 分别代表测量点所处海拔高度的气压（hPa）、气温（K）以及水汽压（hPa），h_d 和 h_w 分别代表大气干折射率、湿折射率为零时所对应的极限高度（m），h 代表天顶高度（m）。

3.1.2 Saastamoinen 模型

Saastamoinen 模型是在大气模型的基础上，将对流层延迟量的各个部分进行泰勒展开，再结合实际取最接近的结果。该模型在计算对流层延迟量时，与 Hopfield 模型相比，不但需要测站地面的气象数据，还需要测站的海拔高度以及纬度信息。该模型的表达式为

$$\Delta D = \frac{0.002277}{\cos(h) \times f(\varphi, h)} \times \left[P_0 + \left(\frac{1255}{T_0} + 0.05 \right) \times P_{w0} - B \times \tan^2 h \right] + \delta_r \quad (3.1.3)$$

$$f(\varphi, h) = 1 - 0.00266 \times \cos(2\varphi) - 0.00028 \times H_0 \quad (3.1.4)$$

式中，h 为天顶高度（m），H_0 为测站海拔（km），P_0 为测站气压（hPa），P_{w0} 为测站水汽压（hPa），φ 为测站纬度，B 和 δ_r 为公式修正项。式（3.1.4）中的 $f(\varphi, h)$ 为大气重力修改函数项。

修正项 B 与测站海拔高度有关。因本书探测站海拔位于 1km 以下，故只列出 2.5km 以下对应 B 的取值，如表 3.1 所示。

表 3.1 测站海拔对应的修正项系数 B

测站海拔（km）	0	0.2	0.4	0.6	0.8	1	1.5	2	2.5
B	1.16	1.13	1.1	1.07	1.04	1.01	0.94	0.88	0.82

Saastamoinen 模型不仅加入了重力对延迟量的影响，还将干、湿延迟量区分出来，并给出了天顶方向干、湿分项的表达式。

$$D_{z,d} = \frac{0.002277 \times P_0}{1 - 0.00266 \times \cos(2\varphi) - 0.00028 \times H_0} \quad (3.1.5)$$

$$D_{z,w} = \frac{e_0}{1 - 0.00266 \times \cos(2\varphi) - 0.00028 \times H_0} \times \left(\frac{0.2789}{T_0} + 0.05 \right) \quad (3.1.6)$$

式中，$D_{z,d}$ 为天顶对流层干延迟，$D_{z,w}$ 为天顶对流层湿延迟，e_0 代表测站水

汽压（hPa）。

根据曲建光等专家的相关研究，上述两种模型具有一定的相似性，但在构建模型的具体参数上有一定区别。Hopfield模型在分析全球气象探空站数据的基础上，分析得到模型中所需的相关系数，而Saastamoine模型则是利用中纬度地区的标准大气模型来推导获得对流层延迟信息。

根据曲建光在拉萨、北京、武汉等地开展的研究来看，上述两种天顶对流层延迟模型之间存在着一定量的偏差，而其大小则与测站的海拔高度有关。由于Hopfield模型在低海拔地区的大气波导反演结果相较于Saastamoine模型表现更好，且本书主要针对海上及海岸线的大气波导环境进行监测，故本书将Hopfield模型作为传统对流层延迟模型的代表进行后续大气波导的反演工作。在实施过程中，分别对干延迟量和湿延迟量进行反演，获得大气干折射率和湿折射率，并将两者进行合并获得完整的大气折射率随高度的分布曲线，最终得到大气波导特征参数信息。

3.2 探空数据及天顶对流层延迟量的获取

3.2.1 实测数据采集分析流程

本节利用探空球采集的气象数据计算得到大气折射率随高度的分布廓线图，并将其作为模型反演的参考比对数据；将手持式气象仪采集的地面测站数据和北斗卫星接收机采集的天顶对流层延迟量数据代入Hopfield模型中，计算出反演的大气折射率随高度变化的函数系数，从而获得大气折射率廓线的反演结果。实验流程见图3.1。

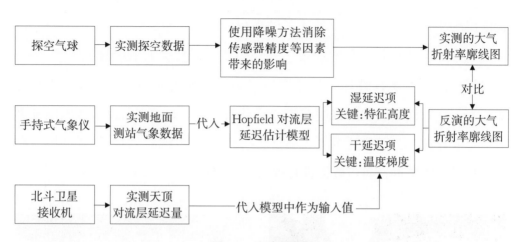

图3.1 实验流程图

3.2.2 探空数据的获取与大气折射率的换算

选取某海域作为实验地，在一天的8时、12时、15时、17时、20时五个时间点释放探空球，以采集气象数据。探空球采集数据有效高度为16km。在满足需要探测的对流层区域的同时，采集了不同时间点的探空数据，以保证实验结果的可靠性。探空球携带的气压、温度和相对湿度传感器参数见表3.2，释放探空球的实验场景见图3.2。

表3.2 气象传感器参数

传感器	测量范围	精度
气压（hPa）	250~1200	±0.3
气温（℃）	−40~60	±0.2
相对湿度（%）	0~100	±3

在使用探空球对气象数据进行采集时，由于传感器本身存在一定的精度区间（表3.2），而实验数据分析时又需要通过"气压—高度"公式来获得高度值，因此，会出现"球升值降"的现象，即探空球在逐渐上升时，显示的

高度值会出现高低值交错"抖动"的现象，如图3.3所示，所以需要将实测气象数据廓线图进行一定的处理。另外，在不同高度下采集的实际温、湿、压数据的均值等统计特性结果并非恒定不变，表明上述数据具有非平稳特性。为了在数据预处理过程中减弱"球升值降"的现象，可以采用适应非平稳信号的方法。为了描述方便，本书将这种高低值交错"抖动"的实际气象数据称为含噪数据，对该数据进行处理称为降噪处理。

图3.2　探空球实验场景

小波、希尔伯特黄变换是目前对非平稳信号进行数据处理较为常用的方法。由于这种"抖动"在探空球上升初期出现的频率较高，所以通过截取部分低空探空数据，对其分别进行小波降噪处理和希尔伯特黄变换处理，来探究两种方法减弱"抖动"的效果。

3.2.2.1　小波降噪

如图3.3所示，非平稳含噪探空数据信号可能包含许多"突变"，对这种信号进行去噪处理时，由于传统的傅里叶变换是在频率域中对信号进行分析，无法提供信号在某个时间点上的变换情况，因此无法在时间轴上区分信号的微小突变，但小波是对非平稳含噪信号进行时域、频域分析，所以具备区分含噪声信号中突变部分的能力，从而实现对非平稳含噪信号的降噪处理。

图3.4所示的是对含噪信号 S 进行的3层小波分解流程，首先分解出逼近信号 SW_1 和细节信号 SX_1，其中 SW_1 对应低频信号，SX_1 对应高频信号。然后对逼近信号 SW_1 进行分解，产生逼近信号 SW_2 和细节信号 SX_2，最后对逼近信号 SW_2 进行分解产生 SW_3 和 SX_3，则有

$$S = SW_1 \oplus SX_1 = SW_2 \oplus SX_2 \oplus SX_1 = SW_3 \oplus SX_3 \oplus SX_2 \oplus SX_1 \tag{3.2.1}$$

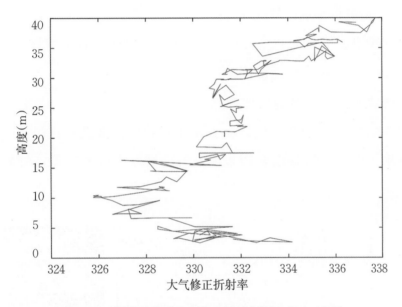

图3.3　某海域实测的大气修正折射率数据（40m以下）

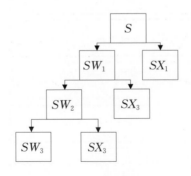

图3.4　3层小波分解

之后对小波系数进行阈值化处理，并将阈值化后的小波系数进行反变

换，最终得到消除噪声后的探空数据结果。

3.2.2.2 希尔伯特黄变换

20世纪末，黄锷等提出了一种新的对非平稳信号的处理方法，人们称之为希尔伯特黄变换（HHT）。该方法从非平稳信号自身特征出发，用经验模态分解（EMD）方法把信号分解成一系列的本征模态函数（IMF），然后对这些IMF分量进行希尔伯特（Hilbert）变换，从而得到时频平面上能量分布的希尔伯特谱图，进而可以准确描述非平稳信号在时频面上的各类信息，因此，也可像小波分析一样，具备区分含噪声信号中突变部分的能力，从而实现对非平稳含噪信号的降噪处理。

图3.5、图3.6分别为小波降噪和希尔伯特黄变换处理过程图，图3.7、图3.8分别为经过小波降噪和希尔伯特黄变换处理后大气修正折射率廓线结果。

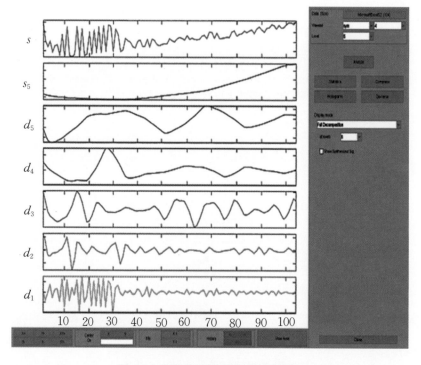

图3.5　小波分解及降噪处理过程图

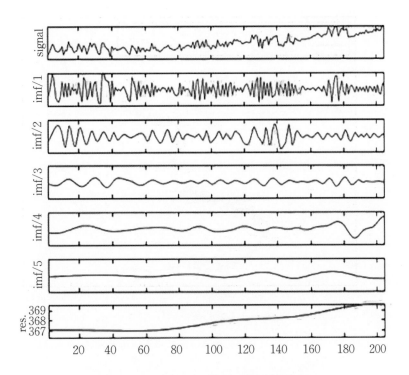

图 3.6 希尔伯特黄分解及降噪处理过程图

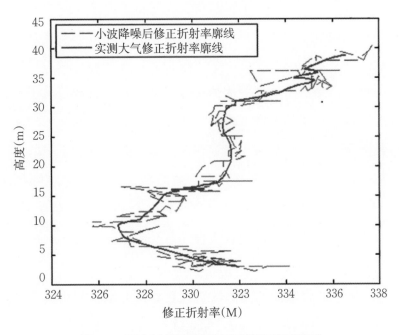

图 3.7 经过小波降噪后的大气修正折射率廓线

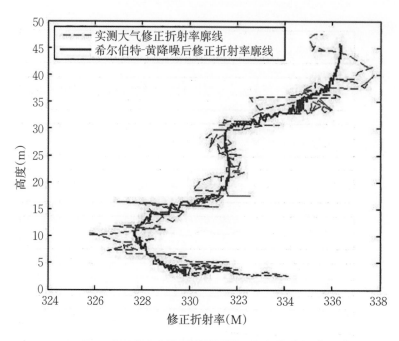

图3.8　经过希尔伯特降噪后的修正折射率廓线

　　由图3.5、图3.6、图3.7、图3.8可以看出，未经降噪的大气折射率廓线图并非像第2章图2.2（b）中那样清晰有条理，反而随着时间的推移，高度呈现杂乱无章的态势。而在经过两种方法对含噪的探空数据进行降噪后，效果明显好转。其中，小波降噪的效果更为理想，降噪后大气折射率随高度变化的曲线不仅与传感器采集计算的值整体趋势一致，且数值几乎不存在上下波动的情况；基于希尔伯特黄变换的降噪方法虽然已经滤除了大部分的噪声成分，但是降噪后的结果显示仍然存在探空球上升但高度下降的情况，出现异常"下降"时对应的点数占总数据点数的27.13%，但在实际使用探空球测量气象数据时，随着时间的推移高度应逐渐升高，不应存在上下"震荡"的效果，这一现象违背了数据的真实物理意义。因此，本书利用小波对实验中采集的气象探空数据进行降噪处理。

　　利用某海域小波降噪后的实测探空气象数据分别绘制出温度、湿度以及气压的剖面图，如图3.9、图3.10、图3.11所示。将降噪后的实验气象数据代入式（2.1.3）、式（2.1.4）、式（2.1.5）中，可分别计算出干大气折射率、湿大气折射率以及大气折射率。

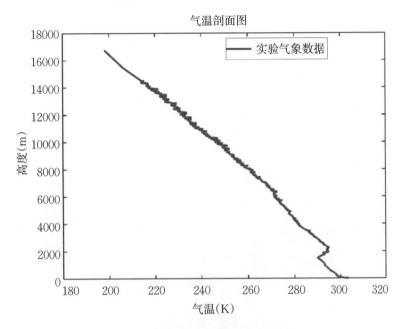

图3.9　单次实验采集的气温剖面图

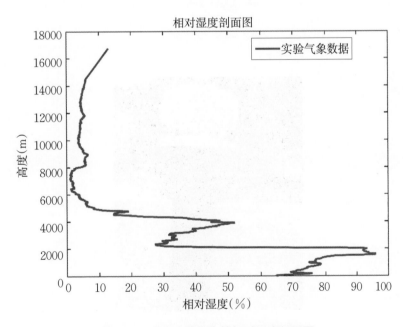

图3.10　单次实验采集的相对湿度剖面图

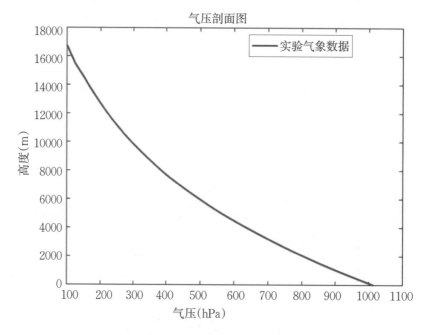

图 3.11　单次实验采集的气压剖面图

　　从图 3.9、图 3.10、图 3.11 可以看出，降噪后的气象数据对应的高度不会再出现"抖动"效果，且气压和气温随高度的升高逐渐降低，但相对湿度的剖面图波动较大，尤其在低空 0~5km 区间内，随着高度的升高，湿度分布曲线变化剧烈。

图 3.12　手持式气象仪采集画面

在采集气象数据的同时，利用手持式气象仪测量观测站的海拔高度、气温、相对湿度以及气压，场景如图3.12所示。

3.2.3　天顶对流层延迟量的获取

为保证本次实验的顺利进行，使得采集北斗卫星信号的设备可以收集到各个方向上的北斗卫星信号，右旋圆极化天线必须架设在开阔地带，特别是在天顶方向上空不能出现遮挡物，图3.13为右旋圆极化天线架设场景。

图3.13　右旋圆极化天线架设场景

实验中利用串口助手等软件将北斗信号接收机采集的北斗卫星仰角、对流层延迟等数据进行解算分析，操作界面如图3.14所示。

将原始数据中以下3种类别数据单独记录下来：卫星系统标识符、对流层延迟量以及卫星俯仰角。卫星接收机录取的对流层延迟量，其数值为传播路径上的总延迟量，利用式（3.2.2）将总延迟转换为天顶方向的延迟量。

$$\Delta D_z = \Delta D \cdot \sin(\varphi) \tag{3.2.2}$$

式中，ΔD_z 为天顶方向延迟量，ΔD 为卫星信号传播路径上的总延迟量，φ 为卫星的仰角。表3.3为每个实验时刻下的实测对流层总延迟量。

图3.14　串口操作界面

表3.3　实测对流层延迟量

时间	08：00	10：00	12：00	17：00	20：00
对流层延迟实测值（m）	2.4122	2.4073	2.4547	2.4137	2.4229

表3.3的结果显示5个时刻下的天顶对流层延迟量基本维持在2.40~2.46m，但是随着早、中、晚气候的变化稍有波动，相对来说，中午的延迟量会高于早、晚。这说明中午时刻较其他时刻而言，对流层内的大气环境对卫星信号的影响较大。

3.3　Hopfield 模型反演干折射率的验证

Hopfield模型反演大气干折射率的验证工作分为两个部分：一是通过

Hopfield 模型架构推导得到大气干折射率随高度变化的函数；二是将实测对流层延迟量代入，得到反演大气干折射率函数中最优的待定系数解。

3.3.1 大气干折射率廓线反演

使用 Hopfield 模型的干延迟项反演干大气折射率廓线图的关键在于要推导出干折射率随高度变化的规律，函数表达式为

$$N_d(h)=N_{d0}\cdot\left(\frac{T_0-\alpha\cdot h}{T_0}\right)^{\left(\frac{g}{C_d\cdot\alpha}\right)-1} \tag{3.3.1}$$

式中，$N_d(h)$ 为干折射率函数，h 为距离测站海拔的高度，N_{d0} 为测量点的干大气折射率，T_0 为测站温度，g 为重力加速度，C_d 为干空气常数，α 为温度梯度。以上因子除了 α 以外都为已知量，所以得到模型反演干大气折射率廓线图的关键在于温度梯度 α。

根据 Hopfield 模型，大气干折射率可表示为

$$N_d(h)=\frac{77.6P(h)}{T(h)} \tag{3.3.2}$$

式中，$P(h)$ 为大气压强，$T(h)$ 为开氏温度。

在干燥大气中，大气压强随高度分布的函数可表示为

$$P(h)=P_0\cdot\exp\left(-\frac{g}{c_d}\cdot\int_0^z\frac{1}{T(h)}\mathrm{d}h\right) \tag{3.3.3}$$

式中，P_0 为测站所处海拔高度的大气压强，g 为重力加速度。实际大气中，温度随着高度变化关系为

$$T(h)=T_0-\alpha h \tag{3.3.4}$$

式中，T_0 为测站温度，α 为温度梯度。大气压强可进一步计算得到

$$P(h)=P_0\cdot\left(\frac{T_0-\alpha h}{T_0}\right)^{g/c_d\cdot\alpha} \tag{3.3.5}$$

将式（3.3.5）代入 Hopfield 模型大气干折射率计算公式，可得到

$$N_d(h) = \frac{77.6 P_0 \cdot \left(\frac{T_0 - ah}{T_0}\right)^{g/c_d \cdot a}}{(T_0 - ah)} = 77.6 \frac{P_0}{T_0} \left(\frac{T_0 - \alpha h}{T_0}\right)^{g/c_d \cdot a - 1} = N_{d0} \cdot \left(\frac{T_0 - \alpha \cdot h}{T_0}\right)^{\left(\frac{g}{C_d \cdot \alpha}\right) - 1}$$

$$(3.3.6)$$

式中，$N_{d0} = 77.6 \dfrac{P_0}{T_0}$ 为测量点的干大气折射率。

3.3.2 传统对流层延迟估计模型反演干折射率廓线的解决方法

首先，将式（3.3.1）大气干折射率函数在对流层高度内进行积分，得到模型的对流层干延迟量 ΔD_d；然后令模型推导出的干延迟量与实测对流层干延迟量 $\Delta \tilde{D}_d$ 的数值一致，进而通过式（3.3.7）计算出温度梯度 α 的最优解；最后将温度梯度的最优解代入式（3.3.1）中得到大气干折射率廓线反演结果。

$$\Delta \tilde{D}_d = \Delta D_d = 10^{-6} \cdot N_{d0} \cdot \frac{T_0^{\frac{g}{C_d \cdot \alpha}} - (T_0 - \alpha \cdot h_d)^{\frac{g}{C_d \cdot \alpha}}}{\frac{g}{C_d \cdot \alpha} \cdot T_0^{\frac{g}{C_d \cdot \alpha} - 1} \cdot \alpha} \qquad (3.3.7)$$

表 3.4 为 5 个实验时刻下得到的温度梯度 α，图 3.15 为模型反演大气干折射率与实测廓线对比图。

表 3.4　模型的温度梯度

时间	08：00	10：00	12：00	17：00	20：00
Hopfield（α）	−6.92	−6.89	−6.83	−6.64	−7.01

通过图 3.15 可以看出，Hopfield 模型反演大气折射率廓线图效果较好，这是因为大气干折射率中的温度和气压这两个要素随高度变化的规律较为稳定，可以利用模型很好地推演出来。

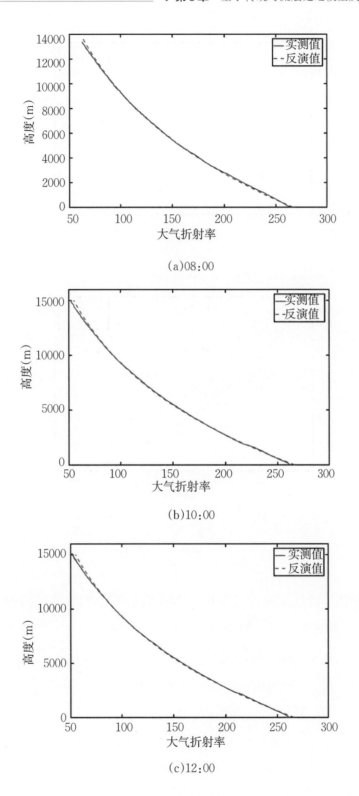

(a)08:00

(b)10:00

(c)12:00

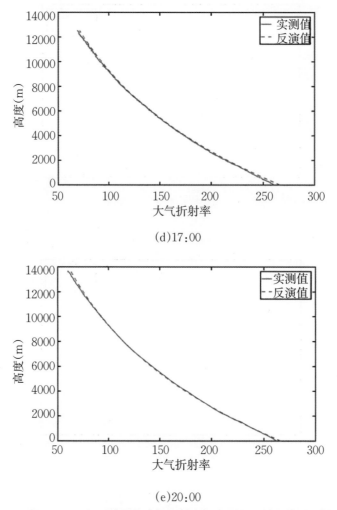

(d)17:00

(e)20:00

图3.15　干延迟模型反演干折射率与实测干折射率的对比图

为了更好地评价反演效果，利用实测干折射率与模型值之间的皮尔逊相关系数(COR)、均方根误差(RMSE)来评判模型反演干折射率的精度，并使廓线图数据化，从而分析评判Hopfield模型反演方法的适用性。两类评判指标的计算式如下：

$$\text{COR} = \frac{1}{n} \cdot \frac{\sum_{i-1}^{n} \left(N_m(i) - \bar{N}_m \right) \times \left(N_r(i) - \bar{N}_r \right)}{\text{STD}_r \cdot \text{STD}_m} \tag{3.3.8}$$

$$\mathrm{RMSE} = \sqrt{\frac{1}{n} \times \sum_{i=1}^{n} \left(N_m(i) - N_r(i)\right)^2} \tag{3.3.9}$$

式中，$N_r(i)$、$\bar{N}_r$ 是实测值及其均值，$N_m(i)$、$\bar{N}_m$ 是模型反演得到的值及其均值，n 是样本数，STD_r、STD_m 是模型值和实测值的标准差。

皮尔逊相关系数是用于度量模型值和实测值之间的线性相关程度，范围为 $-1 \sim 1$。对于皮尔逊相关系数而言，其数值越接近 1，模型值与实测值的变化趋势越接近，即线性正相关性越强；标准差可以反映一个数据集的离散程度，是求得皮尔逊相关系数的前提条件，与本书研究内容相关性不强，故不作为评判指标；均方根误差是用来衡量模型值同实测值之间的偏差，其数值越小，说明实测值与模型值之间的误差越小，是分析模型适用性的主要评判标准，所以本书优先考虑将均方根误差作为评判指标，在模型值与实测值的均方根误差相等或差值极小的情况下，再比较皮尔逊相关系数的值。表3.5列出模型反演干折射率适用性的评判指标。

表 3.5 Hopfield 模型反演干折射率适用性的评判指标

时间	RMSE	COR
08：00	1.7981	0.9997
10：00	1.9526	0.9997
12：00	2.0850	0.9996
17：00	1.7302	0.9998
20：00	1.8176	0.9997

从表3.5中的数据可以看出，在利用 Hopfield 模型反演大气干折射率时，结果理想，5次实验的均方根误差基本维持在 $1 \sim 2N$，皮尔逊相关系数可以达到 0.9998。

3.4　Hopfield 模型反演湿折射率的验证

Hopfield 模型在反演大气干、湿折射率时的验证工作大体一致，不同在于反演干折射率函数时关注点在于温度梯度，而反演湿折射率函数时更关注特征高度。

3.4.1　大气湿折射率廓线反演

与反演干折射率廓线同理，使用湿延迟量反演湿大气折射率廓线图的关键在于推导出湿折射率随高度变化的规律，用指数模型表示为

$$N_w(h) = N_{w_0} \cdot \exp\left(-\frac{h}{H_e}\right) \tag{3.4.1}$$

式中，$N_w(h)$ 为湿折射率函数，h 为高度（m），N_{w_0} 为地面的湿大气折射率值，H_e 为湿大气折射率的特征高度（m）。从上式可以看出，得到模型反演湿大气折射率廓线图的关键在于湿大气折射率的特征高度 H_e。

3.4.2　传统对流层延迟估计模型反演湿折射率廓线的解决方法

根据式（3.4.1）可知，只要能确定 H_e 的值，便可以得到湿大气折射率随高度分布的计算式。由式（2.3.2）的基本原理可知，对式（3.4.1）积分，得到的结果便是湿延迟量，记为 ΔD_w，可表示为

$$\Delta D_w = 10^{-6} \int N_w(h) \mathrm{d}h = 10^{-6} \times H_e \times N_{w0} \tag{3.4.2}$$

大气折射率湿延迟量 ΔD_w 可以由对流层总延迟量 ΔD 减去对流层干延迟

量 ΔD_d 得到，即

$$\Delta D_w = \Delta D - \Delta D_d \tag{3.4.3}$$

其中，ΔD_d 可通过对干折射率的积分得到。

$$\Delta D_d = 10^{-6} \cdot \int_0^z N_d(h)\mathrm{d}h = 10^{-6} \cdot N_{d_0} \frac{T_0^{\beta+1} - (T_0 - \alpha h)^{\beta+1}}{(\beta+1)T_0^{\beta} \cdot \alpha} \tag{3.4.4}$$

式（3.4.4）中，$\beta = \dfrac{g}{c_d \cdot \alpha} - 1$。因此，湿大气折射率的特征高度 H_e 可由下式得到：

$$H_e = 10^6 \times \frac{\Delta D_w}{N_{w0}} \tag{3.4.5}$$

表 3.6 为对流层湿延迟量的计算结果。

表 3.6 对流层湿延迟的模型值

时间	08：00	10：00	12：00	17：00	20：00
Hopfield（ΔD_w）	0.3152	0.2590	0.2809	0.3061	0.3166

将表 3.6 中的模型值代入式（3.4.3）中，计算得到的湿折射率特征高度见表 3.7。

表 3.7 模型的湿折射率特征高度

时间	08：00	10：00	12：00	17：00	20：00
Hopfield（H_e）	2797.1	2797.0	2797.5	2797.0	2797.5

最后将计算出的特征高度值代入式（3.4.1）中，计算出反演的大气湿折射率模型值。图 3.16 提供了模型反演大气湿折射率廓线与实测廓线的对比结果。

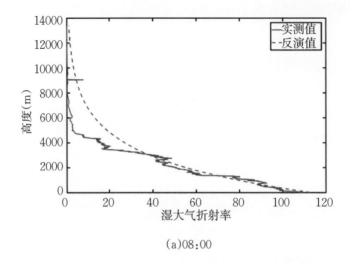

(a)08:00

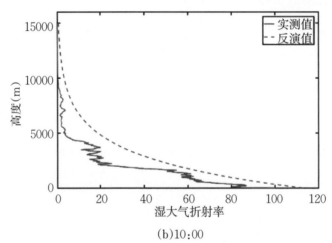

(b)10:00

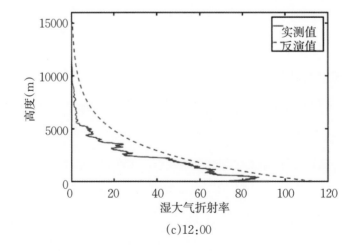

(c)12:00

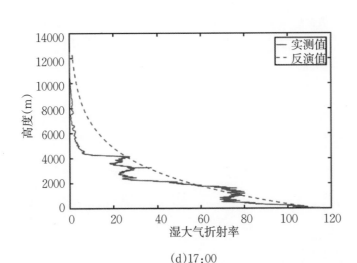

(d)17:00

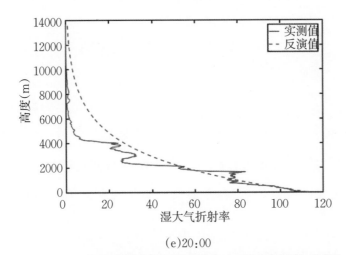

(e)20:00

图3.16 湿延迟模型反演湿折射率与实测湿折射率的对比图

单从廓线对比图就可以看出，利用模型反演的大气折射率廓线图是一条平滑的曲线，与真实的廓线图差别很大。参考评判指标式（3.3.8）、式（3.3.9），表3.8列出模型适用性的评判指标。表中的数据显示，利用Hopfield湿延迟模型反演大气湿折射率廓线图时，存在很大的误差，5次实验中均方根误差高至27.8N，皮尔逊相关系数低至0.9722。Hopfield反演湿折射率效果明显差于干折射率的主要原因是空气中变化剧烈的水汽含量。

表 3.8 **Hopfield** 模型反演湿折射率适用性的评判指标

时间	RMSE	COR
08：00	22.6332	0.9842
10：00	27.8827	0.9722
12：00	19.4639	0.9854
17：00	27.3814	0.9734
20：00	25.0877	0.9784

3.5 合并干、湿项分析

将 Hopfield 模型反演得到的干、湿大气折射率合并后得到大气折射率，并将其与实测的大气折射率进行比对，图 3.17 为合并后的反演结果与实测大气折射率廓线对比图，表 3.9 为合并后反演结果与实测值之间 RMSE 和 COR 的计算结果。

表 3.9 **Hopfield** 模型反演大气折射率适用性的评判指标

时间	RMSE	COR
08：00	12.0296	0.9981
10：00	19.4910	0.9985
12：00	15.7815	0.9984
17：00	14.9036	0.9967
20：00	13.0692	0.9971

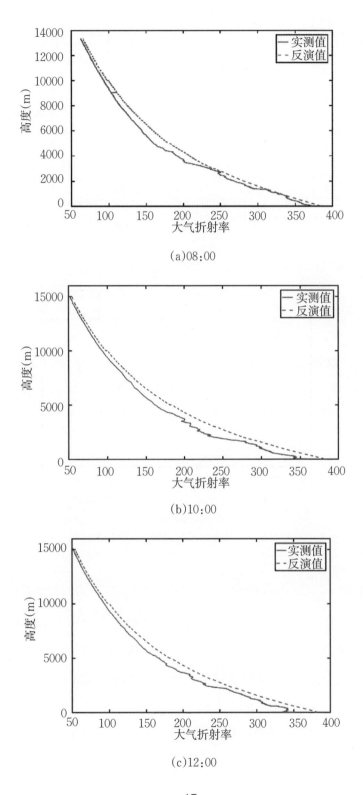

(a)08:00

(b)10:00

(c)12:00

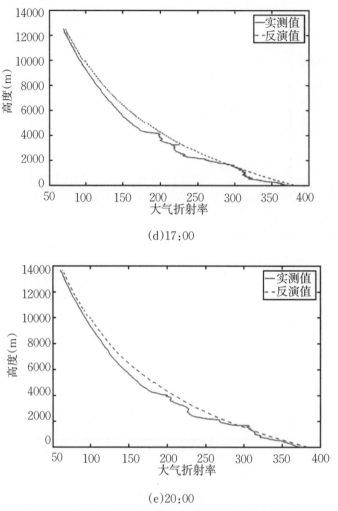

(d)17:00

(e)20:00

图3.17　模型反演大气折射率与实测大气折射率的对比图

　　在将反演的干、湿两项合并后，从廓线图的比较可以明显看出整体的反演效果高空好于低空，这是因为高空的水汽含量显著下降，而低空由于水汽含量大，变化复杂，通过模型反演的折射率廓线图很难将这些细微的变化捕捉到。表3.9显示，利用Hopfield模型反演大气折射率廓线图时，5次实验中均方根误差介于12~19.5N，仍存在较大的误差。

　　在验证过传统模型反演大气折射率廓线的同时，根据大气波导是否发生的判别依据——大气折射率梯度是否小于$-0.157N/m$，进一步对传统对流层延迟估计模型反演大气波导方法的准确性进行验证。表3.10为实际与传统模型反演的大气波导发生频次以及匹配度。表中"实际频次"为实际大气环境中垂直高度下发生大气波导的频次，"反演频次"为传统模型反演大气折射率廓线的垂直高度下发生大气波导的频次，"匹配个数"为实际与反演在同一高度下都发生大气波导的个数，"匹配度"为匹配个数与实际频次的比值。从结果可以看出，5次实验中实际与反演得到的大气波导匹配度均为0。根据上述5次实验数据，初步可以断定传统模型反演大气波导的能力稍弱。

表3.10 实际与反演的大气波导发生频次以及匹配度

时间	实际频次（次）	反演频次（次）	匹配个数（个）	匹配度（%）
08：00	1	0	0	0
10：00	1	0	0	0
12：00	2	0	0	0
17：00	4	0	0	0
20：00	4	0	0	0

3.6 本章小结

本章首先在介绍两种当前常用的天顶对流层延迟估计模型的基础上，选取Hopfield模型作为传统对流层延迟模型的代表来进行大气波导的反演；其次，分别运用小波降噪和希尔伯特黄变换两种方法对探空气球探测的气象数据进行降噪处理，并在对比分析后选择小波降噪方法对实测气象探空数据进行降噪处理；最后，利用Hopfield模型分别对干、湿折射率进行反演，并利用实测数据对反演结果进行准确度检验。对于干项反演部分，将北斗卫星信号接收机采集到的实测干延迟量作为模型值对温度梯度指数进行寻优，从而得到干折射率随高度分布的函数。对于湿项部分，通过模型的天顶湿延迟量计算得到关键因子特征高度，继而得到湿折射率随高度分布的函数。

通过对 Hopfield 天顶对流层延迟估计模型反演的大气干、湿折射率与实测的廓线图对比，以及对评判指标 RMSE 和 COR 进行比较，结果表明 Hopfield 模型反演大气干折射率廓线的效果很好，但对大气湿折射率廓线的反演存在不足。尤其是在 0~6km 这一大气波导频发高度区间内，利用模型湿项反演得到的大气湿折射率廓线与实测廓线图一致性较弱。干、湿两项合并后的结果表明反演结果与实测值之间的差距仍旧较大，反演结果与实际发生大气波导的匹配度不高，故本书还需要探寻一种更加准确、高效的方法来反演大气折射率的垂直分布。

第4章 基于改进再分析数据集和对流层延迟量反演波导

第3章使用的基于传统对流层延迟模型反演大气波导方法的核心是依托 Hopfield 模型架构，继而推导出反演大气干、湿折射率函数的待定系数与对流层延迟之间的关系，之后利用实测对流层延迟数据反向计算出最优的待定系数值，并使用求解的待定系数和 Hopfield 模型架构下相应的大气折射率函数计算出大气折射率廓线等结果，最终得到大气波导特征参数。然而，Hopfield 模型架构组成函数相对单一且变化形式固定，无法保证其适用于全球任意地区，也无法保证其能够计算得到实际大气当中剧烈变化的湿度等气象要素值，因此，才会出现第3章中大气波导反演结果不理想的情况。为了解决上述问题，本书借鉴大气科学领域的最新成果，将再分析数据集引入反演方法中，使其搭建的架构组成部分克服 Hopfield 模型架构组成函数相对单一、变化形式固定等不足，确保大气波导监测的可靠性。

4.1 基于再分析数据集和对流层延迟量反演波导方法的设计思路

本章旨在研究一种新型的大气波导反演方法。通过将再分析数据集ERA-5作为一个中间过渡量，在利用气象超分辨率方法提高ERA-5在空间维度上的分辨率后，得到实验地点的历史气象数据集，继而生成一个天顶对流层延迟量库及对应的大气折射率廓线库。其基本思想是利用实测北斗卫星天顶对流层延迟量在延迟库中进行搜索，找到唯一匹配值及对应的大气折射率廓线图，进而根据匹配的廓线图反演出大气波导特征参数。本书设计了一套高精度北斗反演大气波导系统，并利用该系统对我国北、中、南三个地区采集到的北斗卫星信号对流层延迟量对大气波导进行反演，并将反演得到的结果按照波导类型在大气层内分层与实测探空数据进行对比分析。本书提出的方法的详细设计思路见图4.1。

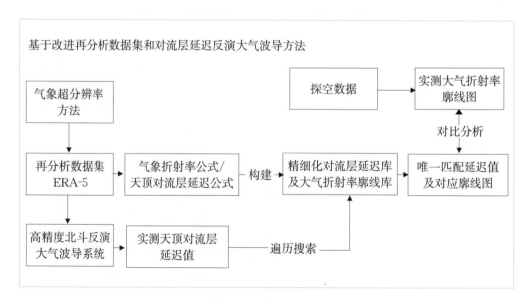

图4.1 方法设计思路

4.2 基于ERA-5构建天顶对流层延迟数据库

4.2.1 基于深度学习的超分辨率气象场精细化构建方法

虽然ERA-5大气再分析数据集具有一定的空间分辨率（在赤道附近，网格分辨率约为25km×25km），但考虑到实施大气波导监测时，采集装置仅在测量点架设的实际情况，现有大气再分析数据集的空间尺度仍较大。如果将测量点所在网格的ERA-5大气再分析数据当作测量点处的数据来进行后续反演，势必会导致用于计算对流层延迟的气象要素结果与实际值产生偏差，影响后续大气波导反演的准确度，因此，应当将再分析数据集精细化，进一步降低数据集的尺度，提升其分辨率。

随着气象科技和信息技术在气象领域的深入应用，气象监测与预报向着精细化、智能化、精确化方向发展。深度学习等人工智能技术为提升气象数据集的精细化程度提供了新手段。当前气象环境监测，由于监测成本、设备性能等原因，采集到的气象场数据在空间分辨率上尺度较大、精准度不高，传统基于简单插值的方法能在一定程度上增强气象数据，但在超大尺度气象数据精细化建模时，无法充分挖掘气象场地理环境信息，准确度下降。针对这一问题，本书采用基于深度学习的超分辨率气象场精细化构建方法，通过卷积神经网络，获取较大视野数据特征，提升ERA-5大气再分析数据集精细化程度。

4.2.1.1 精细化构建方法过程

气象场精细化是将已经获得的低分辨率网格的温度、湿度、粗糙度等数据提升为高分辨率网格的温度、湿度、粗糙度等数据的过程。气象领域通常使用的方法是通过大气动力学模式得到一定区域内的高分辨率温度、湿度、粗糙度等数据，然而，这种方法在实际使用中如果片面强调高分辨率，会导致大气动力学模式推导过程逐步发散而不收敛，最终无法得到想要的高分辨率结果。

本书使用的精细化构建方法的网络结构如图4.2所示，主要包括3个部分：插值预处理、基于卷积神经网络的特征提取、基于残差的数据超分辨构建。

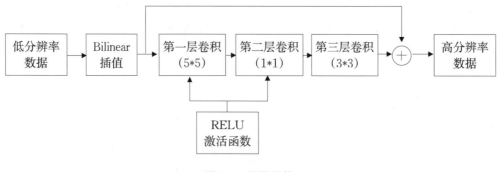

图4.2　网络结构

（1）插值预处理。

使用双线性插值将低空间分辨率的温度、湿度、粗糙度等数据变换到高空间分辨率数据相应的尺度。双线性插值常用于二维数据插值，比较适合空间气象数据增强。本书使用该插值方法在经度和纬度两个方向上进行一次插值，再将插值结果进行综合，插值示意图如图4.3所示，蓝色点为插值前的数据点，左侧示意图为插值前的数据点组织形式，橙色点为插值后增加的数据点，右侧示意图为插值后的数据点组织形式。

（2）基于卷积神经网络（CNN）的特征提取。

在完成插值预处理后，需要使用卷积神经网络对特征进行提取。卷积神经网络的核心是卷积操作，其作用是提取原始数据从粗到细、从边缘到核心的特征。卷积层的每层由若干个相同尺寸的卷积核组成，每个卷积核按照设定好的步长进行滑动，与特征图对应的部分进行矩阵相乘，最后生成的卷积激活图，将被传入下一层。

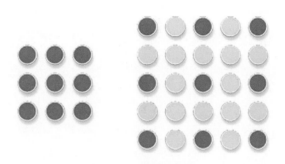

图4.3 插值示意图

基于卷积神经网络的特征提取过程采用了3层卷积层。其主要结构：第一层卷积层采用5*5卷积核进行特征提取，提取出若干特征图，扩张数据流的特征维度；第二层使用1*1卷积核对数据流进行非线性映射，这一层的主要任务是给数据流添加非线性属性；第三层是重建层，使用3*3卷积核。根据前两层得到的具有非线性属性的特征图重建出高分辨率数据，在第一个和第二个卷积层后都会经过Relu激活函数，该函数梯度稳定、易于收敛、计算简单，显著提高了网络训练速度。

（3）基于残差的数据超分辨构建。

完成特征提取后需要采用基于残差网络的超分辨构建方法得到精细化气象场。超分辨的核心思想是从现有气象数据集中学习低分气象数据到高分气象数据的映射关系。因此，在卷积神经网络特征提取重建高分辨率数据后，将其与重建前的数据做残差计算得到超分结果，即在该模型中将插值预处理得到的高分辨率数据和第三层的输出结果相加，得到高分辨率数据中的超分细节。

4.2.1.2 模型训练与实验测试

（1）模型训练。

在模型训练前，需要对数据进行预处理，减小不规范数据对训练工作的影响。首先，检查数据是否符合实际，例如，地面气温应当不会超过1000℃，相对湿度的值应当不是负值。其次，通过统计发现，气象数据中存在较多突变信息，影响模型学习。因此，需要对训练集数据进行平滑处理，进一步提高训练模型结果的准确度。这里采用3*3卷积核进行高斯滤波，其结构如图4.4所示，可以看到其为中心对称结构，其中心值最大，边缘值较小，通过本身和邻域内数据值加权平均，使得处理后的数据趋于平滑。

1	2	1
2	4	2
1	2	1

图4.4　3*3高斯滤波卷积核

完成平滑处理后的数据经过比例划分，即可作为训练数据集和测试数据集用于后续学习工作。根据深度学习的训练集划分习惯，将导入的气象数据按照4：1的比例进行划分。数据集划分后，以每个时间点的低分辨率数据（low-resolution，LR）和与其对应的高分辨率数据（high-resolution，HR）作为一组数据输入到网络模型中，学习低分辨率数据到高分辨率数据的映射关系，建立基于深度学习超分辨率的气象场精细化模型。

（2）模型测试。

通过训练数据集学习得到训练成功的模型，利用测试数据集进行测试验证。气象场精细化的主要评估指标包括RMSE和COR。

（3）结果分析。

表4.1展示了超分辨率提升比值为8（超分辨率为低分辨率网格长度与拟提升的高分辨率网格长度之比）的大气温度场数据精细化实验结果。根据设定指标可以看出，利用本书提出的气象场精细化构建方法得到的高分辨率数据与实际结果较为接近。

表4.1　超分辨率提升比值为8的结果分析

数据次序	RMSE	COR
1	0.1674	0.9798
2	0.1949	0.9794
3	0.2295	0.9570
4	0.1407	0.9799

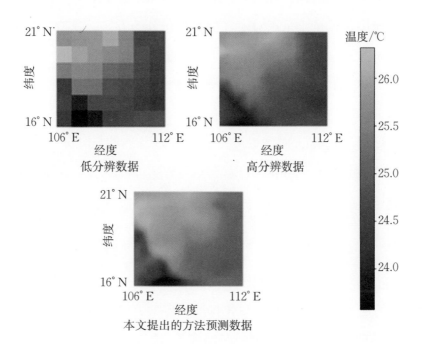

图4.5　温度数据处理结果

图4.5展示了超分辨率提升报错比值为8的大气温度场精细化可视化结

果对比情况，数据显示本书提出的气象场精细化构建方法能够有效地将低分辨率气象数据扩展至高分辨率，并保持一定的准确度。在具体应用中，可根据已有低分辨率气象数据、高分辨率观测数据等信息，结合超分辨率提升比需求，分步或一次性提升至所需的分辨率。

本书利用提出的气象场精细化构建方法对ERA-5再分析数据集进行空间分辨率的提升，并根据测试点的经纬度，将大连、武汉、三亚地区测试点的气象数据从扩展后的再分析数据集中抽取出来，作为高精度再分析数据库。

4.2.2　高精度再分析数据库转换延迟量数据库

本书通过对流层对卫星信号作用产生的延迟量反向演化出大气垂直方向上的大气折射率变化曲线，进而获得大气波导结果，所以本书主要研究天顶方向上的对流层延迟量。采用对大气折射率积分的方法，建造一个庞大的延迟数据库，根据式(2.1.3)、式(2.3.2)将经过精细化后的ERA-5再分析数据库中实验地点区域内各个气压层各个时刻的气象数据转换计算出对流层延迟量。

根据经过精细化后的ERA-5再分析数据集中，每个时刻下的37个气压层（p）对应的相对湿度（r）、气温（t）代入式（2.1.3）中计算得到大气折射率。与之对应的高度则是利用气压和高度的转换公式得到：

$$h_2 - h_1 = 18410 \times \left(1 + \frac{t}{273.15}\right) \times \lg\left(\frac{p_1}{p_2}\right) \tag{4.2.1}$$

式中，h 为高度（m），其中下脚标中的2代表上层，1代表下层。

对流层的层顶高度是由温度变化梯度决定的，通过计算再分析数据集中的温度变化梯度，可以判断对流层层顶位于70hPa的气压层处。故在构建对流层延迟库的时候，只计算70~1000hPa层内的天顶对流层延迟量，共计28层。

利用每一时刻、每一层的温度、湿度和气压计算出对应的大气折射率和高度，并根据计算的结果将每一时刻的大气折射率廓线图存储到数据库中，再计算出对应的对流层延迟量。最后，制成一个包含对流层延迟量和大气折射率廓线图的数据库，便于后续的比对工作。图4.6（a）、（b）分别为武汉地区的某一天（24个整点时刻）、多年的数据绘制的大气折射率廓线图，图4.7为武汉地区部分天顶对流层延迟量数据库的截图。

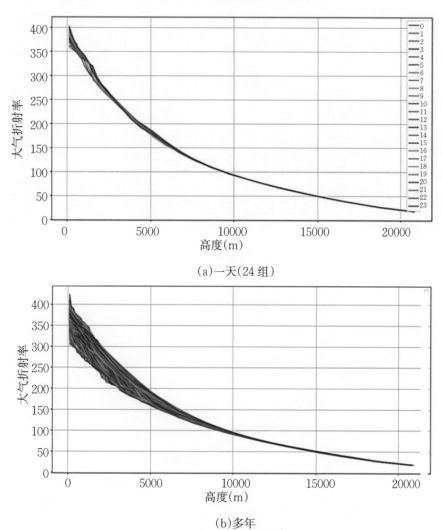

(a)一天(24组)

(b)多年

图4.6 高精度ERA-5数据集计算得到的大气折射率廓线图

通过图4.6、图4.7可以看出，虽然每一时刻对流层天顶延迟量的数值差距较小，但对应的大气折射率廓线图的走势是完全不一样的。尤其是在5km以下的高度中，各个时刻的大气折射率数值之差高达几十牛顿，而在5km至对流层顶这个高度范围内，大气折射率的变化趋势趋于一致，且对流层延迟库具有数量大、数值小、精度高的特点。

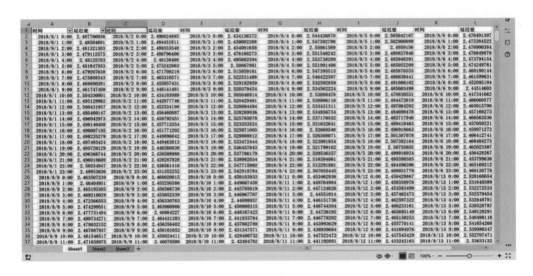

图4.7　部分对流层延迟库截图

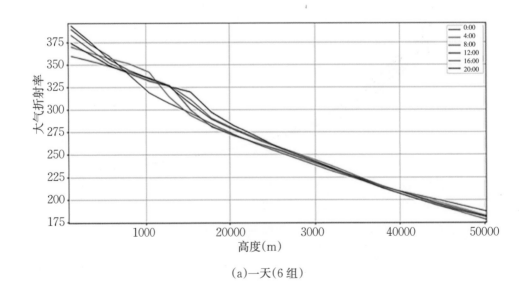

(a)一天(6组)

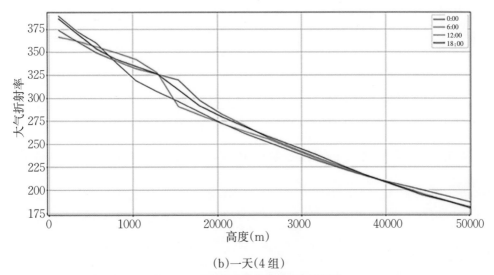

（b）一天（4组）

图4.8　延迟库对应的廓线图局部放大

为方便分析5km以下高度范围内大气折射率廓线图变化规律，将整体廓线图局部放大和时间次序缩小（在一天内取6次和4次），如图4.8所示。

通过分析本书所构建的对流层延迟量数据库和大气折射率廓线库可知，在两个对流层延迟量的数值相近或相等的情况下，其对应的大气折射率廓线图也可能会大相径庭，数据库中的大气折射率数值相差巨大，大气折射率廓线图的变化波动频繁且复杂。

4.3　高精度北斗反演大气波导系统

为了将本书研究的基于改进再分析数据集和对流层延迟量反演大气波导的方法形成可应用产品，满足大气波导监测应用需求，本书设计了一套由软、硬件分系统集成的高精度北斗反演大气波导系统。该系统可以通过采集北斗卫星对流层延迟等数据，直接依托系统中的相应反演算法实时获得测量地点的大气波导信息。

4.3.1　总体设计方案

高精度北斗反演大气波导系统由硬件分系统和软件分系统组成，如图4.9所示。

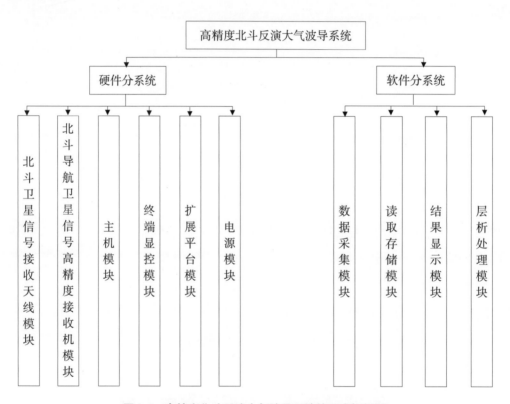

图4.9　高精度北斗反演大气波导系统的组成框架图

其中，硬件分系统主要由北斗卫星信号接收天线模块、北斗导航卫星信号高精度接收机模块、主机模块、终端显控模块、扩展平台模块以及为上述所有模块供电的电源模块组成；软件分系统主要由数据采集模块、读取存储模块、结果显示模块和层析处理模块等组成。高精度北斗反演大气波导系统运行时，软件分系统控制硬件分系统采集北斗卫星数据，并在本地进行大气波导反演。此外，高精度北斗反演大气波导系统还可通过硬件分系统中的相应模块实现采集数据的回传，回传的数据再通过软件分系统中的模块进行进一步处理、分析，完成对大气波导的反演。

4.3.2　硬件分系统

高精度北斗反演大气波导硬件分系统是本书根据"基于改进再分析数据集和对流层延迟量反演大气波导"方法实际需求而设计的。其设计的关键在于选择数据采集器件、数据回传器件以及数据分析处理器件，并对其进行整合。由于高精度北斗反演大气波导系统需要在多种应用环境下长时间持续稳定工作，所以在设计制作设备硬件时就必须考虑稳定性、体积等问题，应当选用能够满足使用需求、精度高、稳定性好的器件，以保证数据采集的质量以及尽可能应用到大范围的工作环境。本书设计的高精度北斗反演大气波导硬件分系统主要由以下6个模块组成。

4.3.2.1　北斗卫星信号接收天线模块

该模块采用市场上的卫星右旋圆极化天线产品，用来接收北斗导航卫星的非掩星（直射）信号。

4.3.2.2　北斗导航卫星高精度接收机模块

该模块由定位板卡、传输板卡和接口板卡组成。其主要完成两项任务：一是北斗导航卫星信号的采集任务，二是数据传输任务。

定位板卡是北斗导航卫星高精度接收机模块的核心部分，主要完成北斗卫星信号解调解扩，并通过解算获取自身位置。同时卫星接收机可以采集到 BDS 的 B_1（I/Q）、B_2、B_3（I/Q）频段信号，原始数据内容包括星座类别、卫星号、信号功率（载噪比）、伪距、载波相位、星历报文以及电离层和对流层延迟误差等观测信息。目前，市场上的卫星定位模块组合主要分为导航和测绘两类。其中，测绘类模块能够支持原始数据（包含对流层延迟量）的输出，而导航类模块不一定支持，所以测绘类模块更符合本设备研制的需求。

另一个需要重点解决的是数据回传问题。在设计系统时需要考虑未来在部署于浮标、舰船、钻井、航空器等平台以及岛礁等环境时，系统如何能将采集的北斗卫星对流层延迟等数据稳定、可靠地回传至分析终端进行反演。现在远距离信号传输的方式多种多样，如铱星通信、"北斗一代"通信、4G传输等。不同的信号传输方式都有其优势，同时也有其局限部分，因此为了覆盖更多的使用场景，选择合适的数据回传器件是重点。铱星通信传输数据量大，但其搭建成本远高于"北斗一代"通信。虽然4G传输的数据量大，且可实现远距离无线传输，但与"北斗一代"通信相比，其实验地点需选取在有通信运营商架设的基站处才可进行传输，这限制了其在高山、海上、野外等实验场景的应用，故本书选用"北斗一代"通信作为数据回传方式。

根据北斗短报文协议，"北斗一代"通信电书中每300s一次的数据通信将通信传输的数据长度限制在1680bit，而通过北斗导航卫星高精度接收机模块采集到的数据量远超这一限制。为保证数据回传的实时性和准确性，本书通过设计传输板卡，提取天顶对流层延迟量这一有效信息，剔除冗余信息，继而缩短所要传输的数据长度，以利用"北斗一代"通信方式达到回传数据至终端的目的。传输板卡主要由供电模块、串口转换电路、MCU系统、"北斗一代"通信组成。其主要功能是将北斗卫星报书中的有效数据进行提取、转换、传输。通过嵌入式软件，实现测绘模块输出的卫星PRN号、卫星仰角和对流层延迟量三种类型数据的实时提取功能，再经过"北斗一代"通信传输。图4.10为MCU系统提取主要数据的流程图。

基于上述产品需求分析，完成北斗导航卫星高精度接收机模块的电路设计、器件搭建和制作工作，图4.11为北斗导航卫星高精度接收机模块的电路板图，图4.12是根据电路板图制成的接收机板卡。

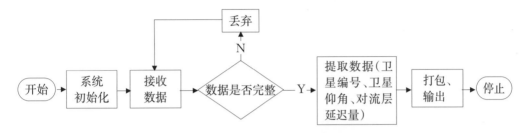

图4.10 MCU系统提取主要数据的流程图

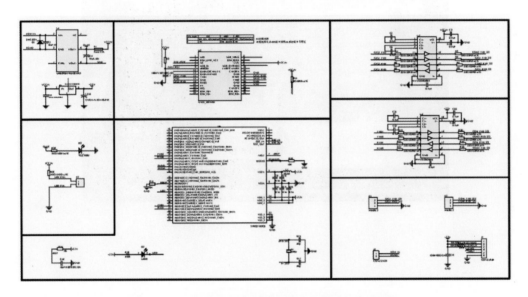

图4.11 北斗导航卫星高精度接收机模块的电路板图

本书实验过程中，由于重点运用高精度北斗反演大气波导系统分析本地数据，因此，使用串口将北斗导航卫星高精度接收机模块（图4.12）与主机模块相连，进而完成大气波导的反演分析工作。但目前尚未引入北斗指挥机进行远距离数据传输，未来可根据监测点安装数量，通过引入北斗指挥机，终端可远距离接收到由系统回传的反演有效信息，即北斗卫星天顶对流层延迟量等。

4.3.2.3 主机模块

该模块装载了高精度北斗反演大气波导系统的软件分系统，用于卫星数据的读取、存储和分析。系统为保证在采集实测天顶对流层延迟量数据后，实现在对流层延迟库中高效的遍历搜索工作，所以主机模块选择处理速度快的国产化计算机。

图4.12　北斗导航卫星高精度接收机模块板卡

4.3.2.4 终端显控模块

该模块是一台与主机模块相连的终端显示器。该模块选用高亮、分辨率高、防水等级较好的显示器，并配备鼠标键盘。

4.3.2.5 电源模块

该模块配备的是一个大型可移动户外电源，总功率输出1800W，电池容量1534Wh，支持AC输出220V/50Hz，具备太阳能板充电功能，可确保系统在户外长时间工作。

4.3.2.6 可移动扩展平台模块

该模块是一个具有便携性和灵活性的实验平台。可移动扩展台有两个主要功能：一是收纳功能，能够当收纳箱使用，将测试设备装入箱体中，箱体底部带滚轮设计，方便运输；二是扩展功能，箱体打开后，能够拼成工作台，为实际野外工作过程提供便利。图4.13为可扩展平台实物图。

图4.13 可扩展平台实物图

4.3.3 软件分系统

为方便设备的使用操作，在主机中装载一个由Qt开发设计的软件分系统，适用于Linux及Windows环境。该系统可以实现卫星数据采集、存储、匹配和分析功能，并根据功能划分出数据采集、读取存储、结果显示以及层析处理4个模块。该软件分系统的工作流程如图4.14所示。

首先，由软件分系统中的数据采集模块负责控制北斗一体机采集北斗卫星信号。其次，本地使用有线方式、异地使用无线方式将天顶对流层延迟量等数据回传到软件分系统的读取存储模块，并在软件分系统后台存储的对流层延迟库进行遍历搜索得到匹配结果。再次，利用匹配结果对应的大气折射率廓线在结果显示模块中绘制出整体反演结果。最后，利用层析处理模块按照大气波导类型在高度上对结果进行分层分析。Qt软件的开发界面如图4.15所示，软件分系统界面如图4.16所示。

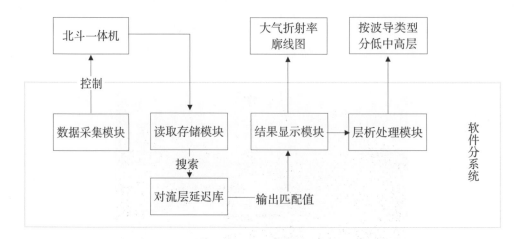

图4.14 软件分系统的工作流程

图4.15 Qt软件开发界面

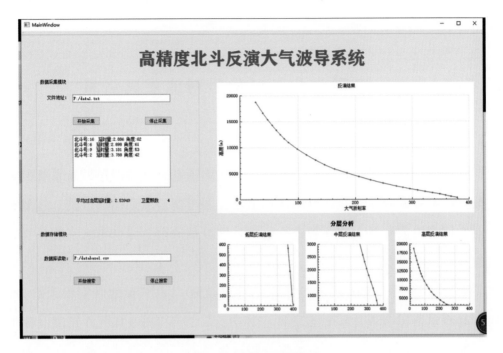

图4.16 软件分系统界面

各模块的组成与用途如下：

数据采集模块：通过该模块可以对北斗卫星的原始数据进行采集，并提取出实验所需的具体参数，如卫星的编号、对流层延迟以及卫星俯仰角等。通过"开始采集"和"停止采集"按钮，使用有线或者无线方式向北斗一体机发送和撤销指令。

读取存储模块：该模块主要对采集工作中的数据进行读取和存储，在单击"开始搜索"和"停止搜索"按钮后，该模块通过遍历算法从录入的对流层延迟库和大气折射率廓线库中进行搜索，进而搜索出匹配值。

结果显示模块：该模块可以将搜索到的唯一匹配信息用大气折射率廓线图显示出来。

层析处理模块。该模块利用层析技术，将匹配到的大气折射率廓线图按照低层、中层、高层分别显示出来，进而方便分析不同类型大气波导的特征量。

4.4 实测北斗卫星信号对流层延迟量

为保证实验数据的充足性、多样性，在验证基于北斗卫星导航系统的大气波导监测技术时，实验地点的选择上不仅要考虑地域之间的区别，还要有针对性地对内陆和海上的差别进行研究。因疫情原因，综合考虑实验计划在大连地区进行为期2天的实验，时间从2022年1月12日至13日；武汉地区实验天数为10天，时间从2021年8月11日至20日；三亚地区实验天数为5天，时间从2021年9月8日至12日。其中，2021年9月9日因高精度北斗卫星信号接收机故障而无法采集数据，当日修复后，次日继续实验，故三亚地区的有效实验天数为4天。图4.17是使用本书设计的高精度北斗反演大气波导系统采集数据的实拍图。

图4.17 高精度北斗反演大气波导系统采集数据的实拍图

由于探空站点采集实测气象数据的时间为世界时间0时和12时两次，为确保验证实验的准确性，实验采集北斗卫星数据的时间应与之保持一致。表4.2为3个实验地点北斗接收机的实测天顶对流层延迟量数据。

表4.2 北斗接收机实测数据

地区	实验时间	北斗卫星颗数（颗）	平均天顶延迟（m）
大连	2022-01-12 12：00	5	2.36805
	2022-01-13 12：00	5	2.34587
武汉	2021-08-11 12：00	3	2.56715
	2021-08-12 12：00	4	2.57003
	2021-08-13 12：00	5	2.55938
	2021-08-14 12：00	4	2.56664
	2021-08-15 12：00	4	2.54973
	2021-08-16 12：00	3	2.55641
	2021-08-17 12：00	3	2.56355
	2021-08-18 12：00	3	2.55456
	2021-08-19 12：00	3	2.56646
	2021-08-20 12：00	2	2.56394
三亚	2021-09-08 00：00	4	2.57550
	2021-09-10 00：00	4	2.61120
	2021-09-11 00：00	5	2.62180
	2021-09-12 00：00	5	2.62860

由表4.2可以看出，每个地区在相近时间内的平均天顶延迟量差距较小，这与延迟库中天顶对流层延迟量数值小、精度高的特点吻合，且不同季节下的对流层延迟量是可以区分的，大连地区的天顶对流层延迟量在冬季基本维持在2.35m左右，而夏季的武汉和三亚地区的天顶对流层延迟量在2.55～

2.62m这一区间内，明显夏季对流层大气环境对北斗卫星信号的影响要比冬季大。

4.5 反演方法结果分析

4.5.1 整体对比分析

为检验反演效果，本书利用大连、武汉、三亚三个站点的探空数据与反演的大气折射率廓线图进行比对。以上3个站点十分接近高精度北斗反演大气波导系统的采集地点，可视为有效检验数据。将以上站点的探空数据与当日的唯一匹配大气折射率值进行比较。

4.5.1.1 整体分析实测与匹配大气折射率廓线对比图

大连地区大气折射率廓线对比图如图4.18所示，武汉地区大气折射率廓线对比图如图4.19所示，三亚地区大气折射率廓线对比图如图4.20所示。

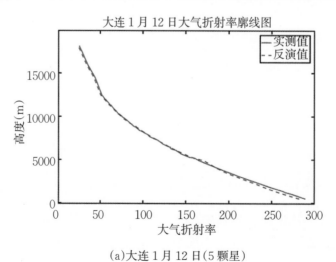

(a)大连1月12日(5颗星)

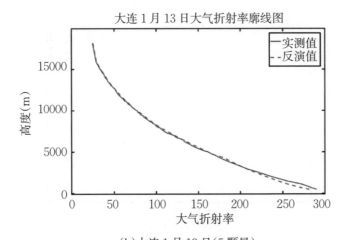

(b)大连 1 月 13 日(5 颗星)

图 4.18　实测值与反演值的大气折射率廓线对比图（大连）

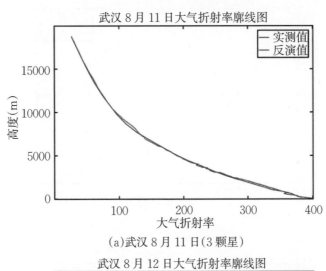

(a)武汉 8 月 11 日(3 颗星)

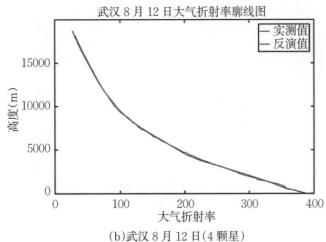

(b)武汉 8 月 12 日(4 颗星)

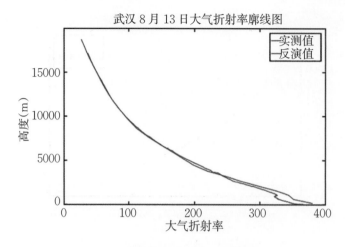

(c)武汉 8 月 13 日(5 颗星)

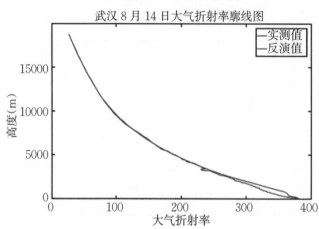

(d)武汉 8 月 14 日(4 颗星)

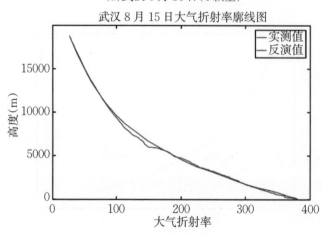

(e)武汉 8 月 15 日(4 颗星)

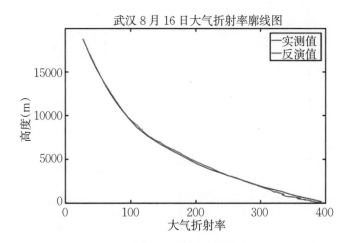

(f)武汉 8 月 16 日(3 颗星)

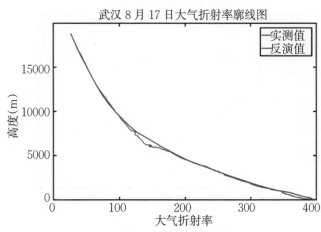

(g)武汉 8 月 17 日(3 颗星)

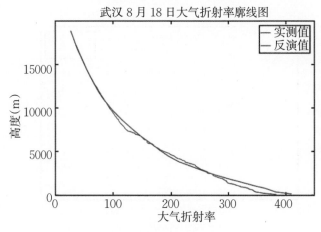

(h)武汉 8 月 18 日(3 颗星)

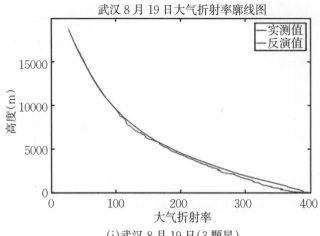

(i)武汉 8 月 19 日(3 颗星)

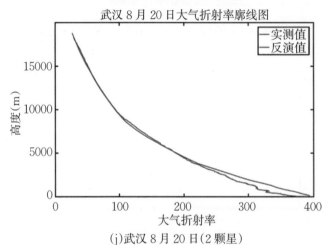

(j)武汉 8 月 20 日(2 颗星)

图4.19　实测值与反演值的大气折射率廓线对比图（武汉）

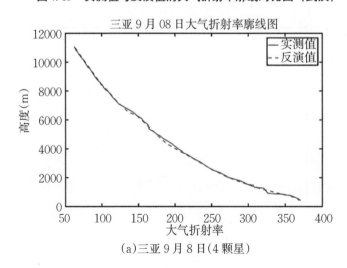

(a)三亚 9 月 8 日(4 颗星)

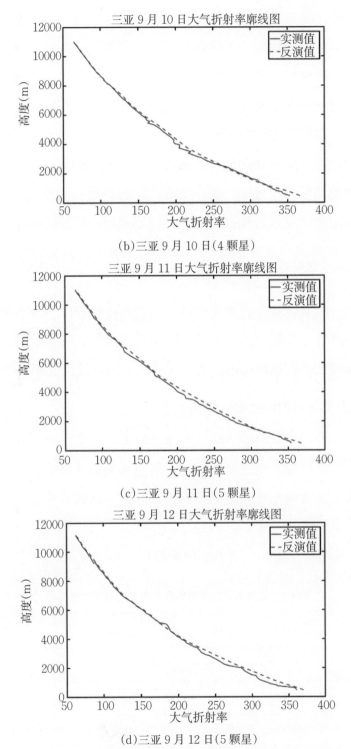

(b)三亚9月10日(4颗星)

(c)三亚9月11日(5颗星)

(d)三亚9月12日(5颗星)

图4.20　实测值与反演值的大气折射率廓线对比图（三亚）

通过图4.18、图4.19、图4.20可以看出，实测值与反演值之间的廓线图整体趋势一致，但不同地区、不同高度下的大气折射率数值有些许不同。

大连地区：实测与反演在大气折射率随高度变化趋势一致的情况下，高度4km以上的廓线图基本重合，完美复刻真实的大气情况，高度4km以下的反演效果稍弱，但两者之间的差值不大。

武汉地区：通过10日内廓线对比图可以发现这样的规律，在高空5km以上高度时，反演结果表现极佳，但在5km以下的高度区间内表现稍弱，说明低空部分的反演效果受到某种因素的干扰，导致这一结果的原因可能是实验期间武汉地区强降雨，在后面的分层分析中会根据评判指标数据结果展开讨论。

三亚地区：同大连地区的情况一样，以6km这一高度为分界线。在高度6km以下，实测与反演的大气折射率廓线图具有大气折射率数值差值小、变化趋势一致的特点；在高度6km以上，实测与反演廓线图几乎完全重合。

4.5.1.2 整体分析的评判指标参数

通过以上分析，可以得出结论：大部分情况下，实测值与反演值有着相同的变化趋势，且两者之间相差不大。为判断反演的准确性，利用均方根误差和皮尔逊相关系数两个评判指标将图像数据化，以评价北斗卫星导航系统反演大气折射率廓线图的精度。

实测的大气折射率值与反演值的评判指标参数如表4.3所示。

表4.3 实测值与反演值的评判指标参数（整体）

地区	实验时间（卫星颗数）	RMSE	COR
大连	2022-01-12（5）	3.7485	0.9993
	2022-01-13（5）	4.3492	0.9990
武汉	2021-08-11（3）	3.1513	0.9995

地区	实验时间（卫星颗数）	RMSE	COR
武汉	2021-08-12（4）	2.3321	0.9997
	2021-08-13（5）	7.8221	0.9983
	2021-08-14（4）	6.636	0.9991
	2021-08-15（4）	5.0429	0.9989
	2021-08-16（3）	4.5725	0.9992
	2021-08-17（3）	5.5627	0.9990
	2021-08-18（3）	10.6042	0.9960
	2021-08-19（3）	8.8940	0.9996
	2021-08-20（2）	12.6392	0.9979
三亚	2021-09-08（4）	2.9655	0.9995
	2021-09-10（4）	5.5902	0.9987
	2021-09-11（5）	5.9933	0.9994
	2021-09-12（5）	6.9794	0.9990

表 4.3 列出了 3 个地区实测值与反演值之间匹配程度的评判指标。经过实验检验，就该方法的反演效果来说，在皮尔逊相关系数方面，数值均大于 0.99，呈强相关性。验证了之前的分析，反演的大气折射率廓线图与实测廓线图的变化趋势是一致的。在均方根误差方面，数值均在 13N 以下，其中 2021 年 8 月 12 日在武汉地区的 RMSE 仅为 2.3321N，且大连地区的 RMSE 维持在 4N 左右，三亚地区的 RMSE 保持在 7N 以内。

4.5.1.3 基于改进再分析数据集和对流层延迟量反演方法与传统方法对比

由于本方法与传统模型反演方法未在同一地点、同一时刻下比较优劣，故利用实验增设了本方法与传统模型反演方法的对比分析。以武汉2021年8月12日的数据为例，取武汉探空站地面气象数据将传统方法Hopfield模型的反演结果计算出来。图4.21为传统方法与本方法反演大气折射率廓线的对比图。

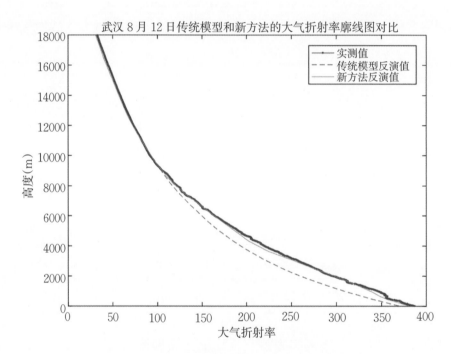

图4.21　传统方法与本方法反演大气折射率廓线对比图

图4.21表明利用改进后再分析数据集和对流层延迟量反演大气折射率廓线的方法明显优于利用传统方法Hopfield模型，尤其是在0~9km的高度区间内。高度在9km以上结果相近的原因是这一高度上的水汽含量进一步减少，致使大气湿折射率占比变小，所以基于传统模型的反演值与实测值接近。表4.4为传统模型反演方法、基于改进再分析数据集和对流层延迟量反演方法分别与真实大气折射率廓线对比的评判指标参数。

表4.4 传统模型反演结果与本书方法反演结果的比较

反演方法	RMSE	COR
传统模型反演方法	17.8353	0.9979
基于改进再分析数据集和对流层延迟量反演方法	2.3321	0.9997

表4.4中显示两种方法的COR都达到0.99的强相关性水平，传统模型方法会稍弱于本书方法，但传统模型反演方法的RMSE参数远远超过基于改进再分析数据集和对流层延迟量反演大气波导的方法。通过比较本书反演方法与传统模型预测大气波导方法的RMSE和COR，可以看出与传统模型预测大气波导相比，本书反演方法无论是在误差上还是相关性上都具有相当大的优势。从本质上说，传统的方法只是一个平滑的函数曲线，并不能将气象的复杂扰动具体地反映出来，而基于改进后再分析数据集和对流层延迟量反演大气波导的方法，通过利用历史经验值，可以很好地复刻大气折射率廓线图。

4.5.1.4 卫星仰角对反演结果的影响

高精度北斗卫星信号接收机在一个时刻下会观测到多颗北斗卫星信号，这些卫星在外太空的位置不同，导致信号经过的大气环境也复杂多变。针对卫星仰角对反演结果的影响，本书利用武汉地区2021年8月13日（5颗星）的观测数据分别对每颗卫星信号的天顶对流层延迟量进行反演，研究了不同卫星仰角下的反演能力。图4.22为各个仰角的大气折射率廓线对比图，表4.5列出在各个仰角下反演大气折射率的评判指标。

通过图4.22和表4.5可以发现，仰角越高，即卫星越靠近天顶方向，反演的效果越好，且各个仰角的天顶对流层延迟量取平均反演结果越佳。平均后相较41°低仰角在RMSE上提高49.45%，在COR上提高0.96%；相较83°高仰角在RMSE上提高14.06%，在COR上提高0.12%。

表4.5　各个仰角的对流层延迟量反演大气折射率的评判指标

角度	RMSE	COR
41°	15.4726	0.9887
53°	11.3550	0.9955
55°	9.8512	0.9963
77°	9.6201	0.9967
83°	9.1023	0.9971
对流层延迟平均后	7.8221	0.9983

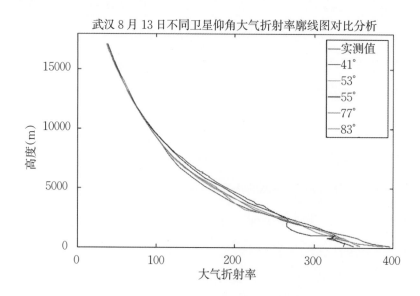

图4.22　各个仰角的大气折射率廓线对比图

4.5.2　分层分析

为分别探究基于改进再分析数据集和对流层延迟量反演大气波导反演方法对不同大气波导类型的效果，本书按照大气波导类型，提出了分层分析的架构，将研究高度分为低、中、高三层分别进行研究，包括300m以下的贴地波导层（包括蒸发、表面波导）、300～3000m的抬升波导层和3000m以上的高层抬升波导层。由于大连和三亚地区低层的探空数据缺失，故低层的研究地区仅有武汉。

4.5.2.1 低层贴地波导层（包括蒸发、表面波导）

低层的高度范围设置在300m以下，该高度内常见的波导类型是蒸发、表面波导。通过对5km以下的局部廓线图进行对比，发现实测与反演在该层的廓线相差较大。因此，取两者在该高度内的大气折射率进行对比分析，并运用RMSE和COR进行评判。

表4.6为该高度范围内实测值与反演值的评判指标参数。

表4.6 实测值与反演值的评判指标参数（300m以下）

地区	实验时间	RMSE	COR
武汉	2021-08-11	2.1372	0.9038
	2021-08-12	0.8005	0.9795
	2021-08-13	28.5529	0.9883
	2021-08-14	10.7774	0.9959
	2021-08-15	8.5595	0.9696
	2021-08-16	11.7775	0.9645
	2021-08-17	15.2177	0.9883
	2021-08-18	36.9581	0.9849
	2021-08-19	21.9616	0.9765
	2021-08-20	32.7118	0.9898

通过表4.6中的评判参数可以看出，该方法的评判参数COR值均在0.96以上，反演结果与实测值之间的相关性强，可以用来描述大气折射率随高度变化的规律，满足了反演的必要条件。由于实验期间，武汉地区正遇雨季，

强烈的气象变化及云层低等原因会对该高度范围内的反演结果造成影响，故造成了个别实验结果的偏差较大。其RMSE值小至0.8005，大至36.9581，评判参数不够稳定。表4.7为实验期间武汉地区的天气情况。

表4.7 实验期间武汉地区的天气情况

时间	天气情况	时间	天气情况
2021-08-11	阴-小雨	2021-08-16	阴-阵雨
2021-08-12	阴-多云	2021-08-17	阴-中雨
2021-08-13	中雨	2021-08-18	小雨-暴雨
2021-08-14	阴-小雨	2021-08-19	阴-多云
2021-08-15	阴	2021-08-20	阴-中雨

4.5.2.2 中层抬升波导层

中层的高度范围设置在300～3000m，该高度内最常见的波导类型是抬升波导。取该高度层内本书方法反演的大气折射率与实测值进行对比分析，并运用RMSE和COR进行评判。表4.8为该高度范围内3个地区实测值与反演值的评判指标参数。

表4.8 实测值与反演值的评判指标参数（300~3000m）

地区	实验时间	RMSE	COR
大连	2022-01-12	7.7343	0.9990
	2022-01-13	9.4105	0.9950
武汉	2021-08-11	5.9980	0.9930
	2021-08-12	4.0375	0.9951
	2021-08-13	16.2348	0.9962
	2021-08-14	15.4326	0.9963
	2021-08-15	5.6108	0.9983

续表

地区	实验时间	RMSE	COR
武汉	2021-08-16	8.9490	0.9974
	2021-08-17	6.7754	0.9967
	2021-08-18	21.3244	0.9952
	2021-08-19	19.2855	0.9962
	2021-08-20	27.7837	0.9953
三亚	2021-09-08	3.9660	0.9961
	2021-09-10	8.0123	0.9844
	2021-09-11	7.4018	0.9945
	2021-09-12	12.7646	0.9942

通过表4.8可以看出，3个地区的实测值与反演值COR都维持在0.99以上，已属于强相关关系，库中廓线图的曲率变化与实测数据的正相关性极强，且武汉地区中层的RMSE与低层相比有明显的降低，说明实测与反演值之间的差距在逐渐减小。大连地区在冬季的RMSE在8N左右，而三亚地区和武汉地区在夏季的RMSE波动较大，其中武汉地区低至4N，高至27N，三亚地区介于3~12N，说明夏季在中层的反演结果稳定性不如冬季。

4.5.2.3 高层抬升波导层

高层的高度范围设置在3000m以上，依据经验得知，该层偶尔会出现高抬升波导，故运用RMSE和COR对该层数据进行评判。表4.9为3个地区具体的评判指标参数。

表4.9 实测值与反演值的评判指标参数（3000m以上）

地区	实验时间	RMSE	COR
大连	2022-01-12	1.9698	0.9993
	2022-01-13	1.7047	0.9998

续表

地区	实验时间	RMSE	COR
武汉	2021-08-11	2.1983	0.9995
	2021-08-12	1.8496	0.9996
	2021-08-13	2.7804	0.9995
	2021-08-14	1.8205	0.9996
	2021-08-15	4.8395	0.9972
	2021-08-16	2.8546	0.9998
	2021-08-17	5.0133	0.9972
	2021-08-18	5.0711	0.9967
	2021-08-19	4.1366	0.9996
	2021-08-20	3.2270	0.9989
三亚	2021-09-08	2.4088	0.9994
	2021-09-10	4.4801	0.9994
	2021-09-11	5.2908	0.9992
	2021-09-12	3.0642	0.9986

通过表4.9中的两个评判指标RMSE和COR可以看出，当高度在3000m以上时，3个地区高层的反演结果相较于中层会更好，COR都达到0.996以上，RMSE最大只有5N，且该层在武汉地区的反演结果较低层有所好转，这是由于高度在3000m以上的水汽含量较3000m以下进一步减小，说明在3000m以上的高度层内完全可以通过该方法进行反演高抬升波导。

在验证过基于改进再分析数据集和对流层延迟量反演大气折射率廓线的同时，根据大气波导是否发生的判别依据——大气折射率梯度是否小于-0.157N/m，进一步对基于改进再分析数据集和对流层延迟量反演大气波导方法的准确性进行验证。表4.10为实际与该方法反演的大气波导发生频次以及匹配度。表中"实际频次"为实际大气环境中垂直高度下发生大气波导的频次，"反演频次"为该方法反演大气折射率廓线垂直高度下发生大气波导的频次，"匹配个数"为实际与反演在同一高度下都发生大气波导的个数，"匹配度"为匹配个数与实际频次的比值。

表4.10　实际与反演的大气波导发生频次以及匹配度

地区/次序	实际频次（次）	反演频次（次）	匹配个数（个）	匹配度（%）
大连1	0	0	0	100
大连2	1	1	1	100
武汉1	0	0	0	100
武汉2	0	0	0	100
武汉3	0	0	0	100
武汉4	0	0	0	100
武汉5	0	0	0	100
武汉6	0	0	0	100
武汉7	0	0	0	100
武汉8	0	0	0	100
武汉9	0	0	0	100
武汉10	0	0	0	100
三亚1	4	3	3	75
三亚2	0	0	0	100
三亚3	1	1	1	100
三亚4	2	1	1	50

从结果可以看出，基于改进再分析数据集和对流层延迟相结合反演大气波导的结果与实测值匹配度较好，能够对不同地区大气波导的发生进行较为

准确的监测。

4.5.3 基于改进再分析数据集和对流层延迟量反演波导的修正函数研究

由4.4.3节分析可知，不同地区、不同高度层下的反演效果存在不同程度的误差，为提高基于改进再分析数据集和对流层延迟量反演大气波导方法的准确度，利用一元三次函数［式（4.5.1）］、指数函数［式（4.5.2）］、三角函数［式（4.5.3）］构建公式作为修正函数，以分析研究其在不同地区、不同高度层下的适用性。

$$N_f = c_1 * N^3 + c_2 * N^2 + c_3 * N + c_4 \tag{4.5.1}$$

$$N_f = \alpha * \exp(\beta * N) \tag{4.5.2}$$

$$N_f = a_0 + a_1 * \cos(N * \varphi) + b_1 * \sin(N * \varphi) + a_2 * \cos(2 * N * \varphi) + b_2 * \sin(2 * N * \varphi) \tag{4.5.3}$$

式（4.5.1）中的 N_f 为修正后的大气折射率，N 为修正前的大气折射率。式（4.5.1）中的 c_1、c_2、c_3、c_4，式（4.5.2）中的 α、β，式（4.5.3）中的 a_0、a_1、a_2、b_1、b_2、φ，均为待定系数。

图4.23、图4.24、图4.25为大连、武汉、三亚地区3个高度层真实大气折射率及反演后大气折射率的散点图及其在3个修正函数下的曲线。其中，匹配值指反演的大气折射率，实测值指真实大气折射率。

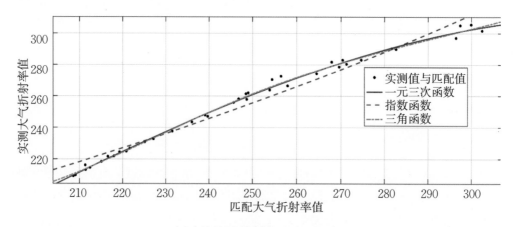

(a)大连地区：中层（300~3000m）

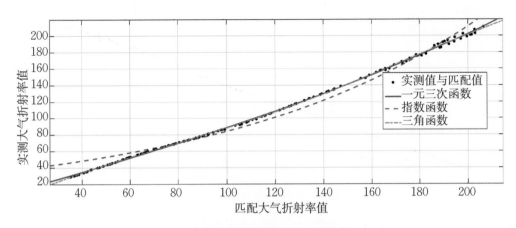

(b)大连地区:高层(3000m 以上)

图4.23 大连中、高层大气折射率修正后曲线图

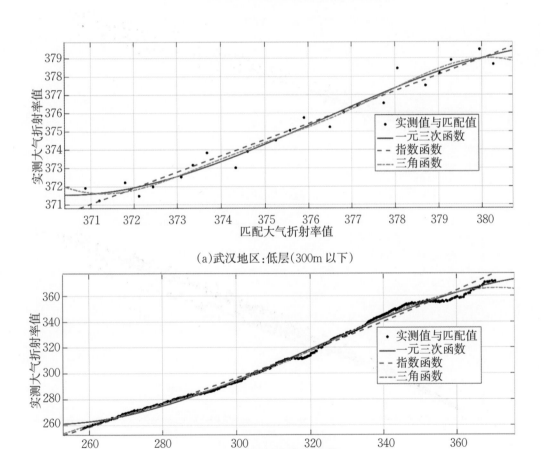

(a)武汉地区:低层(300m 以下)

(b)武汉地区:中层(300～3000m)

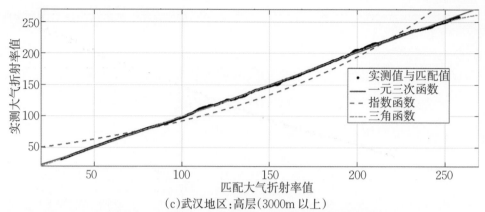

（c）武汉地区：高层（3000m 以上）

图4.24　武汉低、中、高层大气折射率修正后曲线图

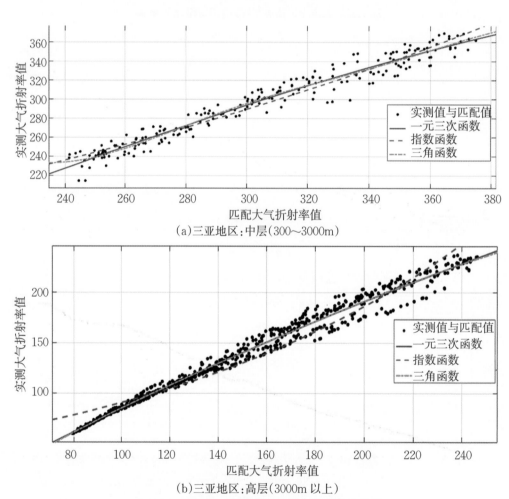

（a）三亚地区：中层（300～3000m）

（b）三亚地区：高层（3000m 以上）

图4.25　三亚中、高层大气折射率修正后曲线图

表4.11为各地区、各高度层在3种修正函数修正后与实测值之间的均方根误差。

表4.12为3个地区在各个高度层下对应的修正函数以及待定系数。

结合上述分析结果，在后续的大气波导应用研究中，可以将采集点获得的反演值通过修正函数进行处理，得到更为接近真实结果的反演值。

表4.11　各地区、各高度层在3种修正函数修正后与实测值之间的均方根误差

地区及高度	式（4.5.1）	式（4.5.2）	式（4.5.3）
大连中层	2.161	5.574	2.147
大连高层	1.143	7.329	1.324
武汉低层	0.5039	0.54	0.5166
武汉中层	2.161	3.105	1.765
武汉高层	0.921	12.72	1.328
三亚中层	8.558	9.393	8.488
三亚高层	5.797	11.13	5.801

表4.12　3个地区各个高度层下对应的修正函数及其系数

地区高度	$N_f = c_1*N^3 + c_2*N^2 + c_3*N + c_4$	$N_f = \begin{array}{l} a_0 + a_1*\cos(N*\varphi) + b_1*\sin(N*\varphi) \\ + a_2*\cos(2*N*\varphi) + b_2*\sin(2*N*\varphi) \end{array}$
大连中层		a_0=281.9，a_1=68.96，b_1=37.46，a_2=-19.2，b_2=5.473，φ=0.0187
大连高层	c_1=3.263e-06，c_2=0.0003517，c_3=0.8，c_4=1.831	
武汉低层	c_1=-0.01016，c_2=11.47，c_3=-4314，c_4=5.413e+0.5	
武汉中层		a_0=264.9，a_1=77.27，b_1=49.83，a_2=-24.63，b_2=7.816，φ=0.01963

续表

地区 高度	$N_f = c_1*N^3 + c_2*N^2 + c_3*N + c_4$	$N_f = \begin{array}{l} a_0 + a_1*\cos(N*\varphi) + b_1*\sin(N*\varphi) \\ + a_2*\cos(2*N*\varphi) + b_2*\sin(2*N*\varphi) \end{array}$
武汉 高层	$c_1=-3.27e-06$, $c_2=0.001511$, $c_3=0.8105$, $c_4=6.828$	
三亚 中层		$a_0=309$, $a_1=-55.85$, $b_1=39.05$, $a_2=12.71$, $b_2=7.73$, $\varphi=0.02286$
三亚 高层	$c_1=6.712e-07$, $c_2=-0.001208$, $c_3=1.374$, $c_4=-40.8$	

4.5.4　实验结论

根据上述实验可以得到以下结论：

第一基于改进再分析数据集和对流层延迟量反演大气波导的方法是切实可行的，反演效果好于传统对流层延迟估计模型反演大气波导的方法。

第二通过基于改进再分析数据集和对流层延迟量反演大气波导的方法获得的不同层高条件下的大气波导结果受观测卫星仰角影响较大。仰角越大，反演效果越好。同时，在观测到多颗卫星时，颗数越多，反演效果越好，且北斗卫星的卫星轨迹覆盖面广，有效的观测卫星数量多，表明利用北斗卫星开展监测相比于其他导航卫星系统更有优势。

第三本书将聚焦的对流层按照大气波导类型分为300m以下的低层贴地波导层（包括蒸发、表面波导）、300～3000m的中层抬升波导层和3000m以上的高层抬升波导层三个区域进行分析。在低层贴地波导层，本书提出的方法与实测结果在武汉地区的COR维持0.96以上，表明反演监测方法能够较好地描述实测结果的变化趋势，但反演结果与实测结果的RMSE结果较大，表明两者仍存在一定的偏差，这是由于实验期间武汉地区强降雨，8月12日天气情况略好时，所对应的RMSE仅有2.3321N；在中层抬升波导层，3个地区的反演结果与实测结果的COR值都在0.99以上，较低层而言有所提高，表明在该层中，本书提出的反演方法能够清晰地反映出实测值的变化趋势，而且两者的RMSE不高，可以获得较为理想的大气波导特征量结果；在高层抬升波导层，反演结果与实测结果的COR进一步提高，为0.996以上，尤其是大连和武汉地区，两者的RMSE较中层抬升波导层进一步减小，并且本书方法在3个地区反演大气波导与实际发生大气波导在同一高度处的匹配度较高，表明本书方法能够有效监测该层出现的大气波导数据。

第四通过修正函数可以有效地提高反演后的结果，且不同的高度层，使用的修正函数不同，其待定系数与地理位置相关。

4.6 本章小结

本章首先基于改进后的再分析数据集ERA-5构建了一个天顶对流层延迟量数据库，其中每个延迟值对应一条大气折射率廓线；利用高精度卫星信号接收机对卫星信号进行采集，继而得到实测的天顶对流层延迟值；其次在对流层延迟量数据库中寻找最匹配的数值及对应的廓线；最后将实测气象数据绘制出的大气折射率廓线图与库中匹配的廓线图进行比较分析，来验证基于北斗卫星导航系统反演大气波导的可行性。在实验验证过程中，根据整体的对比结果，依照各个大气波导类型的高概率发生区间将对流层划分为低、中、高三层，并进行分层分析，结果证明了基于北斗卫星导航系统对流层延迟反演大气波导的可行性和有效性。

参 考 文 献

[1] 潘中伟，刘成国，郭丽. 东南沿海波导结构的预报方法[J]. 电波科学学报，1996，11（3）：58-63.

[2] 张玉生，赵振维，康士峰，等. 利用海雾遥感和天气形势进行海上大气波导的预报研究[J]. 电波科学学报，2007：171-173.

[3] BEAN B R，DUTTON E J. Radio meterology[M]. New York：Dover Publication Inc，1968.

[4] ATKINSON B W，LI J G，PLANT R S. Numerical modeling of the propagation environment in the atmospheric boundary layer over the Persian Gulf[J]. Journal of applied meteorology，2001(40)：586-603.

[5] MATTHEW E K. Forecasting the nighttime evolution of radio wave ducting in complex terrain using the MM5 numerical weather model[D]. The Pennsylvania State University，2003.

[6] 李楠. 北斗卫星导航定位系统应用现状分析[J]. 移动信息，2016（8）：140-141.

[7] 胡晓粉，李晓宇，刘亚涛，等. 北斗卫星导航系统定位精度研究[J]. 系统仿真技术，2013（4）：310-314.

[8] 张玉生. 与大气波导结构相关的天气形势实例分析[J]. 电波科学学报，2004，19：227-229.

[9] 王亚姣. 抛物方程在大区域典型地理环境中的应用及可视化[D]. 西安：西安电子科技大学，2018.

[10] 康士峰, 张玉生, 王红光. 对流层大气波导[M]. 北京: 科学出版社, 2014.

[11] ANDERSO K D. Radar measurements at 16.5GHz in the oceanic evaporation duct [J]. IEEE transasctions on antennas and propagation, 1989, 37(1): 100-106.

[12] BABIN S M. A case study if subrefractive conditions at Wallops Island, Virginia [J]. Journal of Applied Meteorology, 1996, 35(3): 86-93.

[13] BABIN S M. Surface duct height distributions for Wallops Island, Virginia, 1985-1994[J]. Jorunal of Applied Meteorology, 1996, 35(3): 86-93.

[14] IVANOV V K, SHALYAPIN V N, LEVADNYI Y V. Determination of the evaporation duct height from standard meteorological data[J]. Izvestiya, Atmospheric and Oceanic Physics, 2007, 43(1): 36-44.

[15] KULESSA A S, WOODS G S, PIPER B, et al. Line-of-sight EM propagation experiment at 10.25GHz in the tropical ocean evaporation duct[J]. IEEE Proceedings: Microeaves antennas and propagation, 1998: 65-69.

[16] STAPLETON J K, WISS V R, MARSHALL R E. Meaaured anomalous radar propagation and ocean backscatter in the Virginia coastal region[C]. Proceedings of 31st International Conference on Radar Meteorology, Seattle, 2003: 33-39.

[17] SIDDLE D R, WARRINGTON E M, GUNASHEKAR S D. Signal strength variations at 2GHz for three sea paths in the British Channel Islands: observations and statistical analysis[J]. Radio Science, 2007, 42: RS4019.

[18] ALAPPATTU D P, WANG Q, KALOGIROS J. Anomalous propagation conditions over eastern Pacific Ocean derived from MAGIC data[J]. Radio Science, 2016, 51(7): 1142-1156.

[19] WANG Q, ALAPPATTU D P, BILLINGSLEY S, et al. Coupled air-sea processes and electromagnetic(EM) ducting research[J]. Bulletin of the American Meteorological Society, 2017: 1449-1471.

[20] KULESSA A S，BARRIOS A，CLAVERIE J，et al. The tropical air-sea propagation study(TAPS)[J]. Bulletin of the American Meteorogical Society，2017,98 (3)：517-537.

[21] GOSSARAD E E. Relationships of height gradients of passine atmospheric properties to their variances: applications to ground-based sensing of profiles[R]. Boulder：TR ERL 448-WPL，National Oceanic and Atmospheric Administration，1992：96-102.

[22] BARRIOS A. Estimation of surface-based duct parameters form surface clutter using aray trace approach[J]. Radio science，2004，39(6)：44-51.

[23] VALTR P，PECHAC P. Novel method of vertical refractivity profile estimation using angle of arrival spectra[C]. Proceedings of 28th General Assembly of International Union of Radio Science，New Delhi，2005；25-28.

[24] ZHAO X F，HUANG S X. Refractivity estimations from an angle-of-arrival spectrum[J]. Chinese physics B，2011，20(2)：590-595.

[25] Fritz J，CHANDRASEKAR V，KENNEDY P，et al. Retrieval of surface-layer refractivity using the CSUCHILL radar[C]. Proceedings of International Conference on Geoscience and Romte Sensing Symposium，IEEE，2006：1914-1917.

[26] 黄小毛，张永刚，王华，等. 蒸发波导中雷达异常性能的仿真与分析[J]. 系统仿真学报，2006，18(2)：513-516.

[27] 胡晓华，费建芳，李娟，等. 一次受台风影响的大气波导过程分析和数值模拟[J]. 海洋预报，2007，24(2)：17-25.

[28] 成印河. 海上低空大气波导的遥感反演及数值模拟研究[D]. 青岛：中国科学院海洋研究所研究生院，2009.

[29] 成印河，何宜军，赵振维，等. 利用AMSR-卫星数据反演蒸发波导高度的BP神经网络方法[J]. 海洋技术学报，2008，27(4)：63-67.

[30] 伍亦亦，洪振杰，郭鹏，等. 地基GPS低高度角观测反演大气折射率廓

线的模拟仿真[J]. 地球物理学报，2010，53(5)：1085-1090.

[31] 王波. 基于雷达杂波和GNSS的大气波导反演方法与实验[D]. 西安：西安电子科技大学，2011.

[32] WANG B，WU Z S，ZHAO Z W，et al. A passive technique to monitor evaporation duct height using coastal GNSS-R[J]. IEEE geoscience and remote sensing letters，2011，8(4)：587-591.

[33] 朱庆林. 基于单站地基GNSS的电波折射参数估计[D]. 西安：西安电子科技大学，2010.

[34] 韩阳. 基于精密单点定位技术的大气水汽反演方法研究[D]. 郑州：中国人民解放军战略支援部队信息工程大学，2018.

[35] 王旭科，闫世伟，赵红. 不同对流层天顶延迟模型在中国西北地区适应性研究[J]. 大地测量与地球动力学，2021，41(9)：920-923.

[36] 陈波波. 基于神经网络的GNSS区域大气延迟建模与精度分析[D]. 北京：清华大学，2021.

[37] 孟宪贵，郭俊建，韩永清. ERA-5再分析数据适用性初步评估[J]. 海洋气象学报，2018，38(1)：91-99.

[38] 吕润清，李响. ERA-Interim和ERA-5再分析数据在江苏区域的适用性对比研究[J]. 海洋预报，2021，38(4)：27-36.

[39] 陈钦明，宋淑丽，朱文耀. 亚洲地区ECMWF/NCEP资料计算ZTD的精度分析[J]. 地球物理学报，2012，55(5)：1541-1548.

[40] 何创国. 基于再分析数据反演全球对流层延迟精度评估[J]. 北京测绘，2021，35（6）：741-745.

[41] 尚震. 纯转动拉曼激光雷达探测对流层中底部大气温度[D]. 合肥：中国科学技术大学，2017.

[42] 张玉生，郭相明，赵强. 大气波导的研究现状与思考[J]. 电波科学学报，2020，35（6）：813-831.

[43] Howard E B, George B. Measurement of variations in atmospheric refractive index with an airborne microwave refractometer[J]. Journal of Research of the National Bureau of Standards, 1953, 51 (4): 171-178.

[44] Richter J H. Sensing of radio refractivity and aerosol extinction[C]. Proceedings of International Geoscience and Remote Sensing Symposium. IEEE, 1994: 381-385.

[45] Rowland J R, Babin S M. Fine-scale measurements of microwave profiles with helicopter and low cost rocket probes[J]. Johns Hopkins APL Technical Digest, 1987, 8 (4): 413-417.

[46] Rowland J R, Konstanzer G C, Neves M R, et al. SEAWASP: Refractivity characterization using shipboard sensors[C]. Proceedings of the Battlespace Atmospherics Conference. Nav. Command, Control and Ocean Surveillance Cent, 1996: 155-164.

[47] 戴福山. 海洋大气近地层折射指数模式及其在蒸发波导分析上的应用[J]. 电波科学学报, 1998, 13 (3): 280-286.

[48] Ding J L, Fei J F, Huang X G, et al. Development and validation of an evaporation duct model. Part I: Model Establishment and sensitivity experiments[J]. Journal of Meteorological Research, 2015, 29 (3): 467-495.

[49] Willitsford A, Philbrick C R. Lidar description of the evaporation duct in ocean environments[C]. Proceedings of SPIE the International Society for Optical Engineering. SPIE, 2005: 140-147.

[50] 古妍妍. 气象微波辐射计数据处理与软件实现[D]. 武汉: 华中科技大学, 2018.

[51] Karimian A, Yardim C, Gerstoft P, et al. Refractivity estimation from sea clutter: An invited review[J]. Radio Science, 2011, 46: RS6013.

[52] 张金鹏. 海上对流层波导的雷达海杂波/GPS信号反演方法研究[D]. 西安: 西安电子科技大学, 2013.

[53] Zhao X F. "Refractivity-from-clutter" based on local empirical refractivity model[J]. Chinese Physics B，2018，27（12）：550-554.

[54] Lowry A R，Rocken C，Sokolovskiy S V，et al. Vertical profiling of atmospheric refractivity from ground-based GPS[J]. Radio Science，2002，37（3）：1-21.

[55] 王红光. 地基 GNSS 掩星反演对流层大气波导的方法和实验研究[D]. 西安：西安电子科技大学，2013.

[56] 刘琳. 北斗/GPS 双模差分定位技术的研究及实现[D]. 北京：北京交通大学，2013.

[57] 宋冰. 单频 BDS 精密定位关键理论与模型研究[D]. 徐州：中国矿业大学，2016.

[58] 曲建光，赵丽萍，刘基余. 利用 GPS 数据来评定 Saastamoinen 和 Hopfield 天顶湿延迟模型的精度[J]. 黑龙江工程学院学报，2006，6（3）：5-9.

[59] Adolf J.Giger. Low-angle microwave propagation:physics and modeling [M]. Boston:Artech House，1991:2-16.

[60] 张思伟. 基于 FPGA 的多路图像采集与传输关键技术研究[D]. 西安：西安电子科技大学，2018.

[61] 茅志仁. 基于深度学习图像超分辨的气象数据空间降尺度研究[D]. 武汉：武汉大学，2019.